不可信中继网络安全传输优化设计理论与方法

姚如贵 著

科学出版社

北京

内 容 简 介

本书围绕物理层安全速率提升问题,针对不可信中继网络,深入系统地总结了基于协作干扰的不可信中继网络安全传输优化设计理论与方法,逐步递进开展研究。针对理想信道状态信息条件,研究能量效率最大化、考虑中继具有能量收集功能、多天线、多中继等不可信中继网络的优化设计,并拓展到实际应用,同时研究考虑信道估计误差服从高斯分布和有界两种非理想信道状态信息下的稳健设计。本书重点研究协作中继、协作干扰、波束形成、中继选择、功率分配等理论及算法的优化设计,有效提升了系统可达安全速率。

本书可作为物理层安全领域科学研究人员和工程技术人员的参考书,也可作为通信及相关专业的研究生和高年级本科生的教材。

图书在版编目(CIP)数据

不可信中继网络安全传输优化设计理论与方法/姚如贵著. —北京:科学出版社,2019.3

ISBN 978-7-03-060514-6

Ⅰ. ①不⋯ Ⅱ. ①姚⋯ Ⅲ. ①中继网-信号传输-最优设计-研究

Ⅳ. ①TN925

中国版本图书馆 CIP 数据核字(2019)第 023611 号

责任编辑:李 萍/责任校对:郭瑞芝
责任印制:张 伟/封面设计:陈 敬

科 学 出 版 社 出版
北京东黄城根北街 16 号
邮政编码:100717
http://www.sciencep.com

北京中石油彩色印刷有限责任公司 印刷
科学出版社发行 各地新华书店经销
*
2019 年 3 月第 一 版 开本:720 × 1000 B5
2020 年 1 月第二次印刷 印张:11 3/4
字数:240 000
定价:90.00 元
(如有印装质量问题,我社负责调换)

前　　言

　　无线通信的开放性使无线信号更容易被窃听、篡改和干扰，从而给用户的安全通信带来极大的威胁。因此，无线网络的安全性问题被越来越频繁的提及，也受到了越来越多的关注。近年来，随着无线通信中物理层技术的不断发展，在物理层实现信息安全传输方面积累了大量的技术基础，而且改善无线通信的安全性问题变得越来越迫切，因此物理层安全在理论研究与实际应用上都得到了广泛的重视。

　　在众多物理层安全方法中，协作干扰是一种有效的方案，可以改善安全性能，因此基于协作干扰的物理层安全是一个研究热点。在协作干扰方案中，目的节点或友好节点发出协作干扰信号来干扰窃听者，防止窃听者对有用信号解码，以此提高系统安全速率。中继网络是改善物理层安全性的一个有吸引力的途径，为了增强安全性，中继用于协作地干扰窃听者。在最初研究中，所有的中继都是可信的，而窃听者是外部未授权的用户。然而，在一些情况下，中继是不可信的，这些不受信任的中继仍然有助于协作传输，采用协作可以实现更大的安全速率。因此，开展基于协作干扰的不可信中继网络安全传输优化理论和方法的研究，对提升系统安全速率具有重要意义。

　　全书共 6 章。第 1 章介绍物理层安全的背景和基本原理等。第 2 章介绍基于能量效率的单天线不可信中继网络中最优功率分配方案。第 3 章介绍中继节点具备能量收集能力时不可信中继网络中的最优功率/能量分配方案，优化分配收集能量、有效信号传输能量、协作干扰传输能量，以最大化系统安全传输速率。第 4 章介绍多天线节点不可信中继网络中的安全传输方案，优化波束形成设计，提出波束形成和功率分配的联合迭代优化方案。第 5 章介绍两种多天线、多不可信中继网络中的中继选择方案，针对单向传输提出基于符号分离和波束形成的中继选择方案，针对双向传输提出基于最大化最小安全和速率下限的中继选择方案。第 6 章介绍非理想信道状态信息下的稳健最优功率分配方案，即在信道估计误差有界和信道估计误差服从高斯分布两种条件下稳健最优功率分配，实现系统遍历安全速率最大化。

　　本书是作者研究团队多年来物理层安全研究理论成果的提炼和升华，是主要关键技术形成的重要理论成果的汇集。希望本书的出版对于推动我国物理层安全方面的研究和应用起到一定的作用。

　　在撰写本书过程中，研究生 Tamer Mekkawy、徐菲、陆亚南、张雨欣、高岩、李童、姚鲁坤、张远、王圣尧、蒋朋飞、潘世洲、李冠林、王洋等参与了书稿的整理和制图工作，左晓亚副教授、徐娟副教授审阅了书稿，进一步提高了可读性，在此表示感谢。同时，对支持、关心本书出版工作的所有人员，西北工业大学第二十期专著出版基金以及国家自然科学基金（编号：61501376 和 61871327）的资助表示衷心的感谢！

　　由于作者水平有限，书中难免存在不足之处，恳请读者不吝指正。

目　　录

第 1 章 绪　　论

1.1　研究背景

对于任何无线通信链路，由于无线传输介质的广播性质，信息的安全性始终是一个重要的研究方向。实际上，通信安全可以追溯到无线通信的诞生。例如，在古战场中，一些标志被用于士兵之间传送有用信息，同时另外一些独特的标志信号被指定为反截获的手段，以防止信息泄漏和敌人解译信息。如今，通信系统中已经采用了更复杂的加密技术来保护信息的安全传输[1]。但是，在高层中采用传统的加密技术，需要额外的安全通道来交换私钥[2]，且在复杂的加密、解密算法中会消耗更多的功率。因此，传统的加密技术并不适合更高的数据速率和功率受限的通信系统。

无线通信系统中的物理层安全技术是一种有前途的安全传输技术。物理层安全主要使用无线信道的随机性特征，如衰落、噪声和干扰等，来确保有用数据的安全传输[3]。与传统的加密技术不同，物理层安全具有计算复杂度低、不需要密钥管理、节省频谱资源和能量等优点。在无线通信系统中，中继节点的引入不但可以有效地扩大覆盖范围，提高通信信号质量，还有助于安全传输，以防止窃听者窃听。

物理层安全性仅通过使用无线信道的特性 (如衰落、噪声和干扰) 来保证安全通信，因此，不需要消耗额外的频谱资源，也不需要信令开销[4]。在物理层安全的初始研究中，Wyner[5] 引入了信道编码以保证通信的安全性和可靠性，提出了一些基于无线信道随机性的编码，如极化码[6,7] 和低密度奇偶校验码[8] 等。

物理层安全可以通过多种技术，如协作干扰 (cooperative jamming, CJ)[9]、波束形成 (beamforming, BF)、功率分配 (power allocation, PA) 等改善系统的安全性能。其中，协作干扰是一种有效和常用的物理层安全技术。在协作干扰中，目的节点或友好节点发出协作干扰信号来干扰窃听者，以防止未经授权的节点对有用信号的窃听。因为合法信道与窃听信道之间的差异是实现安全传输的主要着手点 [10]，所以必须采用各种方法和技术提高合法接收机处的接收信号质量，并同时削弱窃听者接收信号质量，以保证安全可靠的通信传输 [10-12]。

一般来说，主要可以从三个方面评估物理层安全性能，即瞬时性能、统计性能和渐近性能。在计算瞬时性能时，合法通信系统的节点需要知道完整、理想的全局信道状态信息。然而，窃听者对应的窃听信道状态信息对于合法系统是无法获取的，这是由于窃听者总是几乎无声无息地隐藏了他们的存在。此外，由于信道估计误差和信道本身的不确定性，发射机无法获得完美、理想的全局信道状态信息。综上所述，计算瞬时安全指标，并基于此指标进行系统优化是不切实际的。因此，在评价系统安全性能时可以采用一些统计性能指标，如可以考虑最坏信道情况对应最小安全速率、遍历安全速率 [13]、安全中断概率 [14] 和拦截概率 [15] 等。还有一种安全度量指标是针对高信噪比条件下的安全性能的渐近特征，如安全分集阶数 [16] 和安全自由度 [17]。表 1-1 总结了上述物理层安全性能指标。

表 1-1   物理层安全性能指标

指标类型	性能指标
瞬时性能	安全速率 [10] 和安全容量 [11]
统计性能	遍历安全速率 [13]、安全中断概率 [14] 和截获概率 [15]
渐近性能	安全分集阶数 [16] 和安全自由度 [17]

1.2 相 关 工 作

在无线通信系统中，有一些简单、有效的方法可用于改善通信安全性。其中，最重要的方法是通过调整功率分配来最大化安全速率。另外，可以通过一些优化设计，保证合法接收者和窃听者的信道近似正交，以此来提高安全性能。换句话说，在这种正交性假设下，源节点可以在窃听者信道的零空间进行信息传输，窃听者即使位于信源附近也不会收到任何信息。这种正交性可以利用由多天线系统提供的空间自由度来进行优化设计。

1.2.1 功率分配

在物理层安全中，优化有用信号和协作干扰信号的功率分配可以有效地影响合法信号和窃听信号的质量。文献 [18] 提出了一种最小化窃听者的信号干扰噪声比 (signal-to-interference-plus-noise ratio, SINR)，简称信干噪比，是增强通信安全性的一个间接性能指标，而不是直接最大化安全速率。它利用近似计算获得次优功率分配的方案，大大降低了优化的复杂度。在移动中继网络中，迭代计算最优功率分配以最大化安全速率，并使用迭代 DC 规划解决了文献 [3] 中非凸的功率优化问题。进一步，在文献 [19] 中提出了渐进最优功率分配策略，在没有任何服务质量 (quality of service, QoS) 约束的正交频分复用 (orthogonal frequency division multiplexing, OFDM) 系统中使遍历安全速率最大化。

如果信源与合法接收者之间的距离大于信源与窃听者之间的距离，且所有节点都配置单个天线，通常安全性能较差 [19]。此时，引入协作干扰方案可以降低窃听者截获有用信息的能力 [20]。但是，如果协作干扰发射机靠近合法者，可能会干扰合法接收者，降低有用信号的接收质量。

1.2.2 能量收集

在传统的无线通信系统中，一些节点由电池供电，因此功率受限。尤其在无线中继通信中，如果一个中继节点耗尽其所有功率，可能导致整个网络瘫痪。作为解决可用能量受限问题的一种方案，能量收集 (energy harvesting, EH)[21] 可以支持持久功率供应的通信网络。因此，EH 技术也可以引入物理层安全传输。在文献 [22] 中，中继节点具有从环境中收集能量的功能，这有助于延长系统的工作寿命且不使用集中式电源。文献 [23] 提出了一种新的 EH 中继协议：源节点和中继节点可以相互收集能量。

文献 [24] 研究了一种基于时间切换的无线功率收集中继系统，在源节点和目的节点恒定发射功率的前提下，优化分配给传递能量和有用信息的时间，以最大化系统可达安全容量。此外，许多文献研究了能量收集的具体实施方案。文献 [25] 具体讨论了有关 EH 无线通信的项目。Gelenbe 和 Ceran[26] 通过能量包网络范例，研究了能源消耗者之间的协作。文献 [27] 基于扩散过程来分析电池对本地存储的影响。

1.2.3   波束形成

在多天线节点中, 协作干扰信号可以对齐到合法信道的零空间, 在不影响有用信号接收的前提下, 有效降低不可信中继节点或窃听者的窃听容量, 即有效提高安全性能 [28]。因此, 基于多天线技术的物理层安全通信已成为一个普遍的研究课题, 包括针对多天线中继 [29]、多天线协作干扰 [9]、多用户下行链路 [47]、大规模多输入多输出 (multiple input multiple output, MIMO) 系统 [47]、多天线方向调制 [32] 以及合并信道编码 [33] 等系统配置下的波束形成技术, 以期获得更高的安全性能。

在多天线系统中, 线性和非线性波束形成技术均可以用于物理层安全传输系统中。从物理层安全的角度来看, 通用的方法是利用空间自由度 [34], 将有用信号聚焦到合法接收机, 同时降低其在窃听方向的强度。目前, 常见的用于改善物理层安全性能的波束形成技术包括迫零 (zero-forcing, ZF) 算法 [35]、最小均方误差 (minimum mean square error, MMSE) 算法 [36]、广义奇异值分解 (generalized singular value decomposition, GSVD)[37]、Tomlison-Harashima 预编码 (Tomlison-Harashima precoding, THP)[38] 和脏纸编码 (dirty paper coding, DPC)[39], 具体分析如表 1-2 所示。

表 1-2   改善物理层安全性能的波束形成算法

波束形成算法类型	准则
迫零算法 [35]	在窃听信道的零空间中传输信号
最小均方误差算法 [36]	最小化合法信号的均方误差
广义奇异值分解 [37]	在合法和窃听信道上进行奇异值分解
Tomlison-Harashima 预编码 [38]	在信号上添加反馈滤波器和模运算
脏纸编码 [39]	连续减去干扰以减少信息泄露

在文献 [40] 中, 协作干扰被用来改善两跳中继网络中的通信安全性能, 强制合法接收者或合法发射者在第一或第二跳中以静默模式去干扰窃听者。文献 [41] 提出了一种自适应波束形成方案, 尽量减少协作网络中的干扰, 提高保密性能。相反, 文献 [42] 介绍了协作安全增强性能方案, 两个用户可以通过组合分配有用信号功率和协作干扰功率来提高可达安全速率区域。在设备到设备 (device to device, D2D) 通信网络中, 采用设备产生的信号可以作为一种干扰信号来降低窃听者接收

性能 [43]。

1.2.4 信道状态信息的可用性

衰落、多普勒效应和多径效应都会影响无线信道的响应。信道状态信息在发射机处的可用性决定了可达安全性能，尤其在多天线系统中，信道状态信息是优化设计波束形成的最重要因素 [44]。例如，如果协作干扰发射机已知其到合法接收者的理想信道状态信息，则干扰信号通过对齐其到合法接收者的信道的零空间，可以完全避免对合法接收机的干扰。但是，如果协作干扰发射机只有部分信道状态信息，那么协作干扰信号不可避免地会影响合法接收机的信号质量。最坏的情况是，如果协作干扰发射机没有相应的信道状态信息，则合法接收机可能比窃听者收到更多的干扰。在文献 [45] 中，考虑信道不确定性，联合优化最佳波束形成和功率分配，协作干扰信号可由可信中继发射以干扰窃听者。

1.2.5 多中继网络

文献 [46] 假设覆盖范围内有多个中继，且所有中继均协助发射机，提出采用分布式波束形成来提高物理层的安全性能。但是，分布式波束形成需要大量的通信开销，会降低总体的系统性能。因此，在文献 [47] 中，为了平衡性能和开销，采用中继选择策略，可以获得实现更优的误码率性能和更大的系统吞吐量。文献 [47] 将协作安全波束形成应用于多中继选择场景，实现可信中继网络的安全信息传输。实际上，有多种中继选择策略可以应用于多不可信中继网络，如连续中继选择 [48]、最大化和速率 [49]、最大积 [50] 和最大–最小准则 [51]。另外，许多研究将这些中继选择策略与功率分配方案相结合，以进一步提高物理层的安全性能 [52]。

1.3 不可信中继网络

当采用协作中继网络时，传输的效率和可靠性会大大改善，考虑物理层安全时，系统的安全性能也会有所提高 [53]。在前面讨论的文献中，所有中继节点都是友好可信的，窃听者是外部的非法节点。然而，在某些情况下，中继除了转发有用信号，还会窃听有用信息 [54-56]，这些中继被称为不可信中继。一般情况下，不可信中继在服务提供层面是可信的，但在数据传输层面是不可信的 [57]。即使如此，不可信中继在放大–转发 (amplify and forward, AF) 或压缩–转发 (compress and forward, CF) 协议的协作传输中仍然很有价值。一个不可信中继网络的实际例子如图 1-1 所示，救援组织在灾难中使用大量的无人机 (unmanned aerial vehicle, UAV)，且每个救援组织通过它自己的 UAV 或无人地面车辆 (unmanned ground vehicle, UGV) 发送信息。但是，阴影效应阻止了相同救援组织中发射机和接收机的直接通信链路 [58]。因此，每个救援组织分享它的 UAV 和 UGV 作为不可信中继，协助其他救援组织建立多跳通信链路。

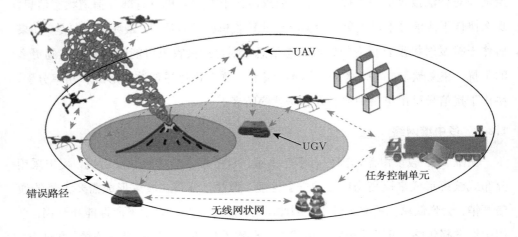

图 1-1   来自不同救援组织的不可信任的 UAV/UGV 群 [58] 与其他救援组织合作

事实上，文献 [59] 首次验证了不可信中继进行协作传输是有益的。之后，不可信中继模型被应用于其他无线安全通信系统中，如多址信道网络 [60]、双向中继传输 (two-way relay transmission, TWRT) 通信 [61] 和多不可信中继网络 [62]。因此，可以通过请求并与不受信任的中继进行合作来提高网络性能，而不只是将其视为潜在的窃听者 [63]，且可以通过调整功率分配，设计安全的波束形成以及进行中继选择等方法来提高不可信中继的安全性能等。表 1-3 总结了常见的物理层安全方法，这些方法均可以实现在不采用传统加密机制的前提下，有效降低不可信中继窃听有用信息的能力。同时，在表中还对比了这些方法所需的额外开销以及实现复杂度。

表 1-3　常见的物理层安全方法

方法	定义	开销	复杂度
协作干扰	额外的干扰信号传输	额外的功率，外部协助	中
波束形成	调整波束形成以取得最大安全速率	多天线结构，反馈信道状态信息	中
协作安全增强	用户增益互惠利益	交换信道状态信息	高
功率分配	资源分配优化使用	反馈信道状态信息	中
中继选择	选择最优中继	额外的功率，外部协助	中

1.4　本书概述

协作中继可以有效地扩大通信范围，提升通信质量，是未来无线通信系统广泛采用的技术。但是，在通信系统中，尤其在中继通信系统中，必须保证信息的安全交换。近年来，在物理层实现安全传输是一个重要的研究方向，可以保证有用信息安全的同时，有效提升可达安全速率。然而，针对中继通信系统应用物理层安全技术还存在许多挑战：

(1) 用于拓展传输链路的中继本身是不可信的[58]，一方面中继承担信号的中继转发；另一方面，它试图以非法的方式窃取有用信息。

(2) 对于有用信号、协作干扰信号和中继转发信号的发射，功率是非常重要和有限的，需要充分利用有限的发射功率。

(3) 系统优化设计时不可能获得理想的信道状态信息，此时残余的信道估计误差会影响网络安全性能。

本书撰写的思路和框架如图 1-2 所示。

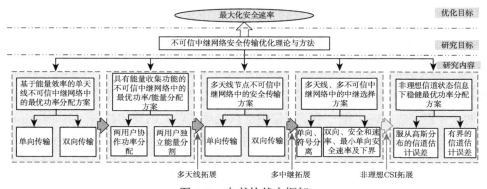

图 1-2　本书的基本框架

本书以最大化安全速率为主要优化目标，开展基于协作干扰的不可信中继网络安全传输优化设计理论和方法研究。具体地，针对不可信中继网络这一特殊应用场景，提出采用协作干扰有效应对不可信中继网络中五种物理层安全挑战，分别针对安全能量效率、中继节点具备能量收集功能、节点配置多天线、存在多中继以及非理想信道状态信息条件下的稳健设计开展系统优化设计。本书的主要工作可概括如下：

(1) 能量效率是目前无线通信系统最关键的挑战之一。优化有用信号和协作干扰信号的功率分配，可以有效地提高安全能效。针对单向传输，构建一个优化问题以期最大限度地提高安全能效。由于求解功率分配优化问题的复杂度高，提出一种基于泰勒展开式的近似算法。仿真证明随着安全能量效率的提高，近似误差可以忽略不计，并将该方案拓展到双向传输并获得类似的改进。

(2) 现有研究均考虑可信中继网络中的能量收集技术，将该技术扩展到不可信中继网络中，开展能量收集、协作干扰、功率分配等联合优化研究，最大化利用有限发射功率和有限收集能量，提高系统安全速率。针对具有能量收集功能的两跳半双工中继网络，综合考虑有限系统发射功率和有限中继收集能量，建立最大化安全速率的优化模型，提出有效寻找最优功率分配因子的算法。

(3) 配置多天线可以增加自由度，进而提高了物理层安全性能。当系统中的节点配置多个天线时，以最大化双向传输的安全和速率为目标，构建预编码器和功率分配的联合优化问题，利用 GSVD 算法构造预编码器来聚焦有用信号。进而，提出一种联合优化波束形成和功率分配的迭代算法，仿真结果验证安全性能的提升以及该算法的快速收敛性。

(4) 针对多不可信的中继传输网络，如何选取最好的不可信中继是非常有挑战性的。因此，提出两个中继选择准则：① 基于波束形成的符号分离方案，根据信道增益强度选择两个不可信中继，并将调制信号的实部和虚部信号分别定向发送给两个中继。仿真证明任一个不可信中继只能达到较差的误比特率 (bit error rate, BER) 性能，约为 0.25，而合法接收者可以达到较大的安全速率。② 基于最大--最小准则的中继选择方案，通过利用多个不可信中继的单向安全速率的下限降低优化方法的复杂度。进一步分析该方法的安全中断概率，并证明所提出的选择方案的优越性。

(5) 考虑已知信道估计误差统计特性，研究稳健最优功率分配算法。在信道估计误差有界条件下，分别推导基于安全速率上限和下限的最优功率分配，进而推导基于遍历安全速率的最优功率分配，可以实现最大可达安全速率。针对信道估计误差服从高斯分布条件，推导基于所有实现信道的遍历安全速率，并基于最大遍历安全速率，优化稳健功率分配。针对上述研究的两种信道估计误差假设，所提出的方法可以提高最优功率分配的鲁棒性。

本书针对不可信中继传输，在考虑能效、能量收集、多天线、多中继、非理想信道状态信息 (channel state information, CSI) 等情况下，提出一些优化算法和方法，并对其进行了验证，可以提高物理层安全性能。

参 考 文 献

[1] Stallings W. Cryptography and network security: principles and practice[J]. International Journal of Engineering & Computer Science, 2012, 1(1): 121-136.

[2] Massey J L. An introduction to contemporary cryptology[J]. Proceedings of the IEEE, 1988, 76(5): 533-549.

[3] Wang Q, Chen Z, Mei W, et al. Improving physical layer security using UAV-enabled mobile relaying[J]. IEEE Wireless Communications Letters, 2017, 6(3): 310-313.

[4] Shannon C E. Communication theory of secrecy systems[J]. Bell System Technical Journal, 2014, 28(4): 656-715.

[5] Wyner A D. The wire-tap channel[J]. Bell System Technical Journal, 1975, 54(8): 1355-1387.

[6] Mahdavifar H, Vardy A. Achieving the secrecy capacity of wiretap channels using polar codes[J]. IEEE Transactions on Information Theory, 2010, 57(10): 6428-6443.

[7] Wang H, Tao X, Li N, et al. Polar coding for the wiretap channel with shared key[J]. IEEE Transactions on Information Forensics & Security, 2018, 13(6): 1351-1360.

[8] Klinc D, Ha J, Mclaughlin S W, et al. LDPC codes for the Gaussian wiretap channel[C]. IEEE Information Theory Workshop (ITW) 2009: 95-99.

[9] Yang J, Kim I M, Dong I K. Optimal cooperative jamming for multiuser broadcast

channel with multiple eavesdroppers[J]. IEEE Transactions on Wireless Communications, 2013, 12(6): 2840-2852.

[10] Basciftci Y O, Gungor O, Koksal C E, et al. On the secrecy capacity of block fading channels with a hybrid adversary[J]. IEEE Transactions on Information Theory, 2013, 61(3): 1325-1343.

[11] Leung-Yan-Cheong S, Hellman M E. The Gaussian wire-tap channel[J]. IEEE Transactions on Information Theory, 1978, 24(4): 451-456.

[12] Saad W, Zhou X, Han Z, et al. On the physical layer security of backscatter wireless systems[J]. IEEE Transactions on Wireless Communications, 2014, 13(6): 3442-3451.

[13] Li J, Petropulu A P. On ergodic secrecy rate for Gaussian MISO wiretap channels[J]. IEEE Transactions on Wireless Communications, 2010, 10(4): 1176-1187.

[14] Li Z, Mu P, Wang B, Hu X. Practical transmission scheme with fixed communication rate under constraints of transmit power and secrecy outage probability[J]. IEEE Communications Letters, 2015, 19(6): 1057-1060.

[15] Zou Y, Wang X, Shen W. Intercept probability analysis of cooperative wireless networks with best relay selection in the presence of eavesdropping attack[C]. IEEE International Conference on Communications (ICC), 2013: 2183-2187.

[16] Zou Y, Li X, Liang Y C. Secrecy outage and diversity analysis of cognitive radio systems[J]. IEEE Journal on Selected Areas in Communications, 2014, 32(11): 2222-2236.

[17] He X, Khisti A, Yener A. MIMO multiple access channel with an arbitrarily varying eavesdropper[C]. The 49th IEEE Annual Allerton Conference on Communication, Control, and Computing, 2012: 1182-1189.

[18] Bashar S, Ding Z. Optimum power allocation against information leakage in wireless network[C]. IEEE Global Telecommunications Conference (GLOBECOM), 2009: 1-6.

[19] Wang X, Tao M, Mo J, et al. Power and subcarrier allocation for physical-layer security in OFDMA-based broadband wireless networks[J]. IEEE Transactions on Information Forensics & Security, 2011, 6(3): 693-702.

[20] Zhou X, Tao M, Kennedy R A. Cooperative jamming for secrecy in decentralized wireless networks[C]. IEEE International Conference on Communications (ICC), 2012: 2339-2344.

[21] Ulukus S, Yener A, Erkip E, et al. Energy harvesting wireless communications: a review

of recent advances[J]. IEEE Journal on Selected Areas in Communications, 2015, 33(3): 360-381.

[22] Yao R, Xu F, Mekkawy T, et al. Optimised power allocation to maximise secure rate in energy harvesting relay network[J]. Electronics Letters, 2016, 52(22): 1879-1881.

[23] Chen Y, Shi R, Feng W, et al. AF relaying with energy harvesting source and relay[J]. IEEE Transactions on Vehicular Technology, 2017, 66(1): 874-879.

[24] Chen Y, Zhang C. Optimal time allocation for wireless powered relay systems with joint S-D energy transfer[C]. IEEE Vehicular Technology Conference, 2016: 1-5.

[25] Gelenbe E, Gesbert D, Gunduz D, et al. Energy harvesting communication networks: optimization and demonstration (the E-CROPS project)[C]. IEEE Tyrrhenian International Workshop on Digital Communications-Green ICT, 2015: 1-6.

[26] Gelenbe E, Ceran E T. Energy packet networks with energy harvesting[J]. IEEE Access, 2016, 4: 1321-1331.

[27] Abdelrahman O H, Gelenbe E. A diffusion model for energy harvesting sensor nodes[C]. IEEE International Symposium on Modeling, Analysis and Simulation of Computer and Telecommunication Systems, 2016: 154-158.

[28] Hong Y W P, Kuo C C J. Enhancing physical-layer secrecy in multiantenna wireless systems: an overview of signal processing approaches[J]. IEEE Signal Processing Magazine, 2013, 30(5): 29-40.

[29] Chen J, Chen X, Liu T, et al. Energy-efficient power allocation for secure communications in large-scale MIMO relaying systems[C]. IEEE/CIC International Conference on Communications, 2014: 385-390.

[30] Chen X, Yin R. Performance analysis for physical layer security in multi-antenna downlink networks with limited CSI feedback[J]. IEEE Wireless Communications Letters, 2013, 2(5): 503-506.

[31] Kapetanovic D, Zheng G, Rusek F. Physical layer security for massive MIMO: an overview on passive eavesdropping and active attacks[J]. IEEE Communications Magazine, 2015, 53(6): 21-27.

[32] Yusuf M, Arslan H. Secure multi-user transmission using CoMP directional modulation[C]. IEEE Vehicular Technology Conference, 2015: 1-2.

[33] Xu P, Ding Z, Dai X. Rate regions for multiple access channel with conference and

secrecy constraints[J]. IEEE Transactions on Information Forensics and Security, 2013, 8(12): 1961-1974.

[34] Mo J, Tao M, Liu Y, et al. Secure beamforming for MIMO two-way communications with an untrusted relay[J]. IEEE Transactions on Signal Processing, 2014, 62(9): 2185-2199.

[35] Wang C, Wang H M. On the secrecy throughput maximization for MISO cognitive radio network in slow fading channels[J]. IEEE Transactions on Information Forensics and Security, 2014, 9(11): 1814-1827.

[36] Pei M, Wang L, Ma D. Linear MMSE transceiver optimization for general MIMO wiretap channels with QoS constraints[J]. IEEE/CIC International Conference on Communications, 2013: 259-263.

[37] Mekkawy T, Yao R, Xu F, et al. A novel beamforming to improve secrecy rate in a DAJ based untrusted relay network[C]. IEEE International Conference on Wireless Communications and Signal Processing, 2017: 1-5.

[38] Zhang L, Cai Y, Champagne B, et al. Tomlinson-Harashima precoding design in MIMO wiretap channels based on the MMSE criterion[C]. IEEE International Conference on Communication Workshop, 2015: 470-474.

[39] Goldfeld Z. MIMO Gaussian broadcast channels with common, private and confidential messages[C]. IEEE Information Theory Workshop (ITW), 2016: 41-45.

[40] Huang J, Swindlehurst A L. Secure communications via cooperative jamming in two-hop relay systems[C]. IEEE Global Telecommunications Conference (GLOBECOM), 2010: 1-5.

[41] Kim S H, Jung B H, Dan K S. Adaptive beamforming antenna scheme to minimize the interference in an unmanned aerial vehicle (UAV) MANET[C]. IEEE International Symposium on Personal, Indoor and Mobile Radio Communications (PIMRC), 2009: 813-817.

[42] Zhu J, Mo J, Tao M. Cooperative secret communication with artificial noise in symmetric interference channel[J]. IEEE Communications Letters, 2010, 14(10): 885-887.

[43] Ma C, Liu J, Tian X, et al. Interference exploitation in D2D-enabled cellular networks: a secrecy perspective[J]. IEEE Transactions on Communications, 2015, 63(1): 229-242.

[44] Sharif M, Hassibi B. On the capacity of MIMO broadcast channels with partial side

information[J]. IEEE Transactions on Information Theory, 2005, 55(2): 506-522.

[45] Salari S, Amirani M Z, Kim I M, et al. Distributed beamforming in two-way relay networks with interference and imperfect CSI[J]. IEEE Transactions on Wireless Communications, 2016, 15(6): 4455-4469.

[46] Zou Y, Wang X, Shen W, et al. Security versus reliability analysis of opportunistic relaying[J]. IEEE Transactions on Vehicular Technology, 2013, 63(6): 2653-2661.

[47] Yang Y, Li Q, Ma W K, et al. Cooperative secure beamforming for AF relay networks with multiple eavesdroppers[J]. IEEE Signal Processing Letters, 2013, 20(1): 35-38.

[48] Wang W, Teh K C, Li K H. Relay selection for secure successive AF relaying networks with untrusted nodes[J]. IEEE Transactions on Information Forensics and Security, 2016, 11(11): 2466-2476.

[49] Yang S, Cai Y, Yang W, et al. Buffer-aided max-sum relay selection and energy efficiency analysis in OFDM relay systems[C]. IEEE International Conference on Wireless Communications and Signal Processing, 2016: 1-6.

[50] Cai G, Fang Y, Han G, et al. Design and analysis of relay-selection strategies for two-way relay network-coded DCSK systems[J]. IEEE Transactions on Vehicular Technology, 2017, 67(2): 1258-1271.

[51] Wang Y, Wang W, Chen L, et al. Relay selection for multi-channel cooperative multicast: lexicographic max-min optimization[J]. IEEE Transactions on Communications, 2018, 66(3): 959-971.

[52] Kuhestani A, Mohammadi A, Masoudi M. Joint optimal power allocation and relay selection to establish secure transmission in uplink transmission of untrusted relays network[J]. IET Networks, 2016, 5(2): 30-36.

[53] Mohammed F, Jawhar I, Mohamed N, et al. Towards trusted and efficient UAV-based communication[C]. IEEE International Conference on Big Data Security on Cloud, 2016: 388-393.

[54] Deng D, Zhou W, Fan L. Secrecy outage probability of multiuser untrusted amplify-and-forward relay networks[C]. IEEE Vehicular Technology Conference, 2017: 1-5.

[55] Yener A, Ulukus S. Wireless physical-layer security: lessons learned from information theory[J]. Proceedings of the IEEE, 2015, 103(10): 1814-1825.

[56] Chan D T T, Lee J, Quek T Q S. Physical-layer secret key generation with colluding

untrusted relays[J]. IEEE Transactions on Wireless Communications, 2016, 15(2): 1517-1530.

[57] Kuhestani A, Mohammadi A, Mohammadi M. Joint relay selection and power allocation in large-scale MIMO systems with untrusted relays and passive eavesdroppers[J]. IEEE Transactions on Information Forensics and Security, 2017, 13(2): 341-355.

[58] Bok P B, Kohls K S, Behnke D, et al. Distributed flow permission inspection for mission-critical communication of untrusted autonomous vehicles[C]. IEEE Vehicular Technology Conference, 2014: 1-6.

[59] He X, Yener A. On the equivocation region of relay channels with orthogonal components[C]. IEEE Asilomar Conference on Signals, Systems and Computers, 2008: 883-887.

[60] Ekrem E, Ulukus S. Effects of cooperation on the secrecy of multiple access channels with generalized feedback[C]. The 42nd IEEE Annual Conference on Information Sciences and Systems, 2008: 791-796.

[61] He X, Yener A. Two-hop secure communication using an untrusted relay: a case for cooperative jamming[C]. IEEE Global Telecommunications Conference (GLOBECOM), 2008: 1-5.

[62] Xiang H, Yener A. Providing secrecy with lattice codes[C]. The 46th IEEE Annual Allerton Conference on Communication, Control, and Computing, 2009: 1199-1206.

[63] Jeong C, Kim I M, Dong I K. Joint secure beamforming design at the source and the relay for an amplify-and-forward MIMO untrusted relay system[J]. IEEE Transactions on Signal Processing, 2012, 60(1): 310-325.

第 2 章　基于能量效率的单天线不可信中继网络中的最优功率分配方案

2.1　引　　言

2.1.1　研究背景

无线通信的快速发展对能量消耗提出了巨大的需求，能量效率被引入并用于评估通信系统的性能，基于能量效率的通信系统优化，即绿色通信，是近年来的研究热点 [1]。绿色通信系统设计的主要目的是在保证所需服务质量的同时，最小化能量消耗。能量效率是绿色通信最重要的指标，定义为网络速率与总能耗之比，单位为 bps/J。国际电信联盟已经将能量效率定为下一代无线通信系统的八个关键指标之一 [2]。目前，基于能量效率的通信系统优化研究已经有了丰富的研究成果 [3-5]。

基于中继的协作通信可以有效地扩展覆盖区域 [6]，改善网络频谱效率，并提高系统能量效率 [7]。基于中继的协作通信已经成为现有无线通信标准 [8] 的组成部分，并在将来设备到设备 (device to device, D2D) 通信系统中发挥更为重要的作用。

然而，现在的中继网络中的中继节点可能不具备稳定的电源供给，因此，需要考虑有限能量的最大化使用，即提高中继节点的能量效率。一个典型的例子是无人机中继系统。无人机中继的能力完全依赖于携带电池或燃油的容量。事实上，受体积和载荷等限制，无人机中继的能量效率需要进行细致优化，以延长中继节点的工作时间，文献 [9] 提出了优化路径、混合动力和推进、能量管理系统以及能量收集等优化方案。

本章研究的是不可信中继网络，为了保证中继节点不能窃听用户的有用信息，在单向传输时，需要将有限的功率合理分配给有用信号和协作干扰信号的发射功率；而在双向传输时，需要将有限的功率合理分配给两个用户的有用信息的发射功率。因此，本章以能量效率为优化指标，研究有限功率的最优分配，以期获得最优系统性能。本章的研究工作包括：

(1) 针对单向不可信中继网络，引入协作干扰技术以保证数据传输的安全性。建立以安全能量效率为目标的优化模型，采用泰勒展开式简化优化问题的求解。进一步讨论两种特殊情况下的最优功率分配方案。

(2) 进一步复杂化系统，考虑双向传输，研究一种安全通信系统模型，两个用户发送的信号互为协作干扰。借助单向不可信中继网络的研究成果，建立优化模型，采用泰勒展开式简化优化问题的求解。

仿真分析结果表明，本章所提的最优功率分配方案可以获得最大的安全能量效率，同时具有较小的优化复杂度。

2.1.2　相关工作

最小化总体功率消耗是使通信链路获得更高能量效率的最有效技术。针对正交频分复用多中继网络，文献 [10] 提出了一种最优中继选择策略，并优化功率分配方案，最小化整体网络的功率消耗。文献 [11] 提出了一种绿色通信的框架，通过优化每个用户的功率分配，最小化双向中继传输系统的能量效率。在文献 [12] 中，以优化传输帧长度为目标，提出了最优能量分配策略的优化模型。

在多天线系统中，可以调整预编码器来改善能量效率。文献 [13] 优化了源节点和中继节点的预编码器，使用拉格朗日函数最大化能量效率，并使用其下限构造获得最大能量效率对应的最优预编码矩阵。在文献 [14] 中，针对无线信息与能量同传系统 (simultaneous wireless information and power transfer，SWIPT)，考虑可信中继且无任何恶意攻击节点，研究了基于能量效率的最优预编码器，推导出最优功率分配因子的闭合表达式。

上述研究工作均假设网络中所有节点都具有理想的功率放大器。而文献 [15] 研究了双向中继传输网络中非理想功率放大器对系统能量效率的影响，建立了最大化全双工网络能量效率的优化模型，该模型包含比较棘手的非凸约束。针对这个问题，通过引入一些必要的条件，将非凸问题转换为关于传输持续时间的凸问题。

这个工作在文献 [16] 得到了扩展，针对蜂窝网络的下行链路，该文献提出了一种可行的算法，可以获得低计算复杂度和高能量效率。文献 [17] 提出了一种提高多用户 OFDM 网络能量效率的通用方法，在分配子载波给用户之前，提出了一种子载波配对置换的方法。然后，针对功率和子载波分配联合优化的复杂问题，使用连续凸近似法将难以处理的优化问题转化为拟凹问题。

在上述文献中，研究人员只关注可信网络的最大化能量效率问题，没有考虑安全问题。然而，安全性和能量效率均为无线通信系统的关键问题。Wang 等 [18] 研究了存在窃听者的可信放大–转发中继网络的安全绿色通信问题，提出了在给定最大传输功率和最小安全速率约束条件下的安全能量效率最大化设计方法。在求解过程中，提出了一些优化方法，如分数规划、对偶分解和 DC 规划等，迭代地解决目标和约束的非凸性。然后，Wang 等 [19] 将上述工作进一步扩展，研究了解码–转发中继网络中的能量效率最大化问题，将原始问题转化为一系列子问题，进而采用常规凸优化进行求解。文献 [20] 兼顾安全性能和所需服务质量的约束，通过优化功率分配最大化有效能量效率，其中有效能量效率定义为有效业务速率与总消耗功率的比值。

本章研究的是不可信中继网络，这些中继节点在服务级别是可信的，即可以完成放大–转发功能，但在数据级别是不可信的，它会截获、窃听用户的有效数据。文献 [21] 引入协作干扰技术对抗不可信中继节点的潜在窃听行为，提出了一种新颖的中继选择方法，在降低算法复杂度的同时，有效改善实际功率受限条件下的系统可达能量效率。在给定最大可用功率和最小目标安全速率的约束下，文献 [22] 提出了一个联合优化了所有节点的功率分配的方案，在求解问题时，将非凸优化问题转换为子问题，并使用了分数规划、交替优化、罚函数等一系列优化方法，降低原始优化问题的求解复杂度。从上述文献中可以看出，功率分配优化是一个非常复杂的问题，针对不可信中继网络的安全能量效率最大化的最优功率分配问题更为复杂。在后续优化问题求解时，将采用泰勒展开式简化求解，获得单向或双向不可信中继网络中有用信号、协作干扰信号或两个用户的有用信号的最优功率分配，达到系统总的最大安全能量效率。

2.2　单向不可信中继网络的最优功率分配

针对单向中继传输,如何保证用户有用数据的安全性,不被不可信中继节点截获和窃听,是一个很有挑战性的问题。充分利用无线信道固有的随机特性,可以采用物理层安全技术以较低的计算复杂度实现安全传输。其中,协作干扰 (cooperative jamming, CJ) 技术是一种实现物理层安全的有效手段,通过目的节点或其他可信节点发送协作干扰信号,阻止不可信中继节点或外部窃听节点的窃听行为。然而,考虑到绿色通信的要求,需研究有用信号和协作干扰信号/有用信号之间的最优发射功率分配,以期最有效利用有限的功率获得最大的安全速率,即最大化安全能量效率。

2.2.1　单向不可信中继协作干扰通信模型和能量消耗模型

在这一部分,首先讨论单向不可信中继协同干扰的系统模型,然后分析总功率损耗模型。

1. 信号模型

所使用的两跳半双工中继网络的传输系统模型如图 2-1 所示,系统中包含源节点 Alice(A)、不可信中继节点 (R) 和目的节点 Bob(B),每个通信节点仅安装了一根天线。通信过程中,R 将接收到的信号放大–转发给 B,同时尝试解码由 A 发送给 B 的有用信号。在这个模型中,由于长距离通信或阴影效应,A 到 B 之间没有直接通信的链路。因此,A 到 B 的通信必须借助来 R 实现。进一步,假设采

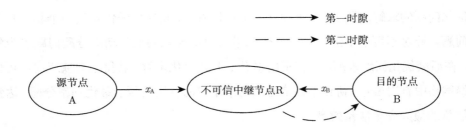

图 2-1　两跳半双工中继网络传输系统模型

用时分广播协议 (time division broadcasting protocol，TDBP) 的半双工通信模式，则一次传输需要两个时隙实现。在第一个时隙，A 将有用信号 x_A 发送到不可信中继 R，同时 B 将协作干扰信号 x_B 发送到中继节点 R。在第二个时隙，中继节点 R 将接收到的信号放大 β 倍转发给 B。

假设所有的无线信道都服从瑞利衰落，每个节点接收到的噪声为加性高斯白噪声，均值为 0，功率谱密度为 N_0。用 $h_{A\text{-}R}$、$h_{B\text{-}R}$ 和 $h_{R\text{-}B}$ 分别表示从 A 到 R、B 到 R 和 R 到 B 的信道增益。进一步，假设信道满足互易性定理[23]，即 $h_{B\text{-}R} = h_{R\text{-}B}^*$；假设节点 A 和 B 的总传输功率为 P，$\alpha \in [0,1]$ 表示功率分配因子[24]。因此，节点 A 以功率 $P_A = \alpha P$ 发送有用信号，而节点 B 以功率 $P_B = (1-\alpha)P$ 发送协作干扰信号。

基于上述假设，在第一个时隙，中继节点 R 接收到的信号可表示为

$$z_R = \sqrt{\alpha P}h_{A\text{-}R}x_A + \sqrt{(1-\alpha)P}h_{B\text{-}R}x_B + n_R \tag{2-1}$$

因此，在中继节点 R 处的瞬时信干噪比 $\gamma_R(\alpha)$ 可表示为

$$\gamma_R(\alpha) = \frac{|h_{A\text{-}R}|^2 \alpha P}{|h_{B\text{-}R}|^2 (1-\alpha)P + N_0} \tag{2-2}$$

其中，$|h_{B\text{-}R}|^2(1-\alpha)P$ 表示第一个时隙中继节点 R 接收到的干扰，这个干扰是由 B 发送的协作干扰信号。令 $\gamma_{A\text{-}R} = P|h_{A\text{-}R}|^2/N_0$ 和 $\gamma_{B\text{-}R} = P|h_{B\text{-}R}|^2/N_0$ 分别表示从 A 到 B 和从 B 到 R 的等效信噪比。进而定义 $\mu = \gamma_{A\text{-}R}/\gamma_{B\text{-}R}$ 为两个等效信噪比的比值，以及 $\lambda = 1/\gamma_{B\text{-}R}$。式 (2-2) 中接收的信干噪比可简化为

$$\gamma_R(\alpha) = \frac{\alpha\gamma_{A\text{-}R}}{(1-\alpha)\gamma_{B\text{-}R} + 1} = \frac{\alpha\mu}{(1-\alpha) + \lambda} \tag{2-3}$$

在第二个时隙，中继节点 R 放大接收到的信号并重新发送给 B。中继节点 R 发送的信号可以表示为 $y_R = \beta z_R$，其中，考虑到中继节点 R 发射功率也为 P，信号放大因子可计算为

$$\beta = \sqrt{\frac{P}{\alpha P|h_{A\text{-}R}|^2 + (1-\alpha)P|h_{B\text{-}R}|^2 + N_0}} \tag{2-4}$$

因此，目的节点 B 接收到中继节点 R 发射的信号可表示为

$$z_B = \beta\sqrt{\alpha P}h_{A\text{-}R}x_A h_{R\text{-}B} + \beta\sqrt{(1-\alpha)P}h_{B\text{-}R}x_B h_{R\text{-}B} + \beta n_R h_{R\text{-}B} + n_B \tag{2-5}$$

其中，n_B 表示目的节点 B 接收到的加性高斯白噪声。观察式 (2-5) 可以发现，x_B 是目的节点 B 在上一个时隙发送的协作干扰信号，假设 B 可以获得完美的全局信道状态信息，则式 (2-5) 中的自干扰项 $\beta\sqrt{(1-\alpha)P}h_{\text{B-r}}x_B h_{\text{R-B}}$ 可以完全消除。此时，式 (2-5) 可以简化为

$$z_B = \beta\sqrt{\alpha P}h_{\text{A-R}}x_A h_{\text{R-B}} + \beta\sqrt{(1-\alpha)P}h_{\text{B-R}}x_B h_{\text{R-B}} + \beta n_R h_{\text{R-B}} + n_B \qquad (2\text{-}6)$$

进而，目的节点 B 的瞬时接收信干噪比可表示为

$$\begin{aligned}
\gamma_B(\alpha) &= \frac{\beta^2\alpha\left|h_{A-R}\right|^2\left|h_{B-R}\right|^2}{\beta^2\alpha\left|h_{B-R}\right|^2 N_0 + N_0} \\
&= \frac{\alpha\mu\gamma_{B-R}}{\alpha\mu + (2-\alpha) + \lambda}
\end{aligned} \qquad (2\text{-}7)$$

2. 能量模型

通信过程中消耗的总功率包括源节点 A、目的节点 B 和中继节点 R 的功率消耗。但在这里，中继被认为是不可信的，因此只关注于 A 和 B 的功率消耗，其中包括功率放大器和其他电路块中消耗的部分。A 到 B 的总能量消耗可表示为

$$P_T(\alpha) = \eta_A\alpha P + \eta_B(1-\alpha)P + P_{cA} + P_{cB} \qquad (2\text{-}8)$$

其中，η_A 和 η_B 分别代表 A 和 B 的功率放大器的效率；P_{cA} 和 P_{cB} 分别代表 A 和 B 的电路功率。为了简化计算，假设两个用户的电路功率非常小，即 $P_{cA} \approx 0$，$P_{cB} \approx 0$。

2.2.2　最优功率分配方案

1. 问题建模

在研究的不可信中继网络中，如果不可信中继节点 R 解码了源节点 A 发送的有用信号，那么这个传输过程就是不安全的。在本小节中，采用物理层安全技术的协作干扰方案保护 A 到 R 传输的有用信号。由于 A 和 B 的能量限制，在安全通信网络中需要平衡可达速率和能量的限制。基于文献 [25] 中的单向安全速率，在协作干扰中继网络中，从 A 到 B 的安全速率 $R_s(\alpha)$ 被定义为

$$R_s(\alpha) = \left[\frac{1}{2}\log_2\left(1+\gamma_B(\alpha)\right) - \frac{1}{2}\log_2\left(1+\gamma_R(\alpha)\right)\right]^+ \qquad (2\text{-}9)$$

其中，$[\cdot]^+ = \max(0, \cdot)$，表示非负安全速率，由于这个操作不影响优化分析，在后面的讨论中忽略这个运算；系数 $\frac{1}{2}$ 是由于采用半双工工作模式，一次传输需要 2 个时隙完成。

将式 (2-3) 和式 (2-7) 代入式 (2-9) 中，进一步定义新变量 $\lambda_1 = \mu + \mu\gamma_{\text{B-R}} - 1$，$\lambda_2 = \mu - 1$ 和 $k = \dfrac{-\lambda_1\alpha^2 + (\lambda_1 - 2)\alpha + 2}{\lambda_2^2\alpha^2 + 3\lambda_2\alpha + 2}$，式 (2-9) 所示的瞬时安全速率可以重写为

$$R_{\text{s}}(\alpha) = \frac{1}{2\ln 2}\ln\left(\frac{-\lambda_1\alpha^2 + (\lambda_1 - 2)\alpha + 2}{\lambda_2^2\alpha^2 + 3\lambda_2\alpha + 2}\right) = \frac{\ln k}{2\ln 2} \tag{2-10}$$

从绿色通信和安全通信的角度，引入一种安全能量效率度量来衡量系统性能，安全能量效率定义为瞬时安全速率与总功耗的比值 [22]，即安全能量效率计算为 $\text{EE}(\alpha) = \dfrac{R_{\text{s}}(\alpha)}{P_{\text{T}}(\alpha)}$。因此，基于安全能量效率最大化的最优功率分配问题定义为

$$\begin{aligned}
\alpha_{\text{opt}} &= \arg\max_{\alpha} \; \text{EE}(\alpha) = \arg\max_{\alpha} \frac{R_{\text{s}}(\alpha)}{P_{\text{T}}(\alpha)} \\
\text{s.t.} \quad &\alpha \in [0, 1]
\end{aligned} \tag{2-11}$$

可以发现，因为 P_{T} 与 α 之间有直接的关系，所以式 (2-11) 中的安全能量效率问题仍然存在一些困难。当文献 [24] 中仅讨论最大化安全速率时，问题相对简单一些。

2. 最优功率分配求解

如文献 [26] 所述，当 $\lambda = 0$ 时，在 R 处窃听的概率是最大的。而且，在高信噪比时，渐近地有 $\lambda \approx 0$。因此，为了便于接下来的分析，取 $\lambda = 0$。由于式 (2-11) 中的目标函数在区间 $[0,1]$ 上满足 $\dfrac{\text{d}^2\text{EE}(\alpha)}{\text{d}\alpha^2} < 0$，因此 $\text{EE}(\alpha)$ 存在一个最大值。基于拉格朗日乘子法，为了得到这个最大值，并找到最优功率分配因子，需要求出 $\text{EE}(\alpha)$ 对 α 的一阶导数，然后令它为零。这个微分方程的根就是精确的最优功率分配因子 α_{opt}。

很容易地可以观察到，式 (2-11) 中目标函数的分母也是一个关于 α 的函数。因此，求 $\text{EE}(\alpha)$ 对 α 的导数时，这样的分母将会带来复杂的运算。考虑对数函数的单调递增特性，将对 $\text{EE}(\alpha)$ 的求导转换为对 $\ln(\text{EE}(\alpha))$ 的求导。令 $\ln(\text{EE}(\alpha))$

对 α 的导数为 0, 基于式 (2-11) 的目标函数, 可得到

$$f(\alpha) = \frac{\mathrm{d}R_s(\alpha)}{\mathrm{d}\alpha} \frac{1}{R_s(\alpha)} - \frac{\mathrm{d}P_{\mathrm{T}}(\alpha)}{\mathrm{d}\alpha} \frac{1}{P_{\mathrm{T}}(\alpha)} = 0 \tag{2-12}$$

通过解出式 (2-12) 的微分方程, 可以获得最优功率分配因子 α_{opt}。然而, 由于包含了 $R_s(\alpha)$ 的导数运算, 求解这个方程非常复杂。因此, 拟采用泰勒展开式来简化式 (2-12) 中对数函数 $R_s(\alpha)$ 的求导。考虑式 (2-10) 中预定义的 k, $\ln k$ 的泰勒展开式为

$$
\begin{aligned}
\ln k &= \frac{2}{2} \ln \left(\frac{1 + \dfrac{k-1}{k+1}}{1 - \dfrac{k-1}{k+1}} \right) \\
&= 2\mathrm{arctanh}\left(\frac{k-1}{k+1} \right) \\
&= 2 \sum_{n=1}^{\infty} \frac{1}{2n-1} \left(\frac{k-1}{k+1} \right)^{2n-1}, \quad \left| \frac{k-1}{k+1} \right| < 1
\end{aligned}
\tag{2-13}
$$

根据式 (2-10) 有 $0 \leqslant \alpha \leqslant 1$, 可知 k 是正的。因此, 对于所有的 μ 值, 均有 $\dfrac{k-1}{k+1} \in [-1, 1]$。在式 (2-13) 中, 第 n 项可以表示为 $\dfrac{1}{2n-1} \left(\dfrac{k-1}{k+1} \right)^{2n-1}$。显然, 这一项的绝对值随着 n 的增加而迅速减少。此外, 在接下来的分析和仿真中, 用式 (2-13) 中的第一项来近似地表示 $\ln(k)$, 以此来大大降低计算复杂度, 而这个近似处理会带来很小的且可接受的误差。在 2.2.4 小节中, 这一近似处理将会得到更详细的验证和讨论。当然, 在可接受的复杂度内, 采用泰勒展开式的更多项进行近似计算可以有效减少精确值和近似值之间的差距。基于以上分析, 可以得到式 (2-12) 中微分方程详细的表达式为

$$g_6 \alpha^6 + g_5 \alpha^5 + g_4 \alpha^4 + g_3 \alpha^3 + g_2 \alpha^2 + g_1 \alpha + g_0 = 0 \tag{2-14}$$

其中,

$$
\begin{aligned}
g_6 &= (\eta_{\mathrm{B}} - \eta_{\mathrm{A}})(2\lambda_1^2 \lambda_2^2 + 2\lambda_1 \lambda_2^4) \\
g_5 &= (\eta_{\mathrm{B}} - \eta_{\mathrm{A}})(15\lambda_1 \lambda_2^3 + 10\lambda_1 \lambda_2^2 + 3\lambda_1^2 \lambda_2 - 5\lambda_1^2 \lambda_2^2 - \lambda_1 \lambda_2^4 + 2\lambda_2^4) \\
g_4 &= (\eta_{\mathrm{B}} - \eta_{\mathrm{A}})(18\lambda_1 \lambda_2 + 18\lambda_2^3 + 12\lambda_2^2) + (15\eta_{\mathrm{B}} - 13\eta_{\mathrm{A}})\lambda_1 \lambda_2^2 \\
&\quad -(3\eta_{\mathrm{B}} - 2\eta_{\mathrm{A}})(3\lambda_1^2 \lambda_2) + \eta_{\mathrm{A}}(\lambda_1 \lambda_2^4 - 2\lambda_2^4)
\end{aligned}
$$

$$g_3 = (\eta_B - \eta_A)(4\lambda_1 + 24\lambda_2) - (\eta_B + \eta_A)(2\lambda_1^2) - 6\eta_B(\lambda_1\lambda_2 + \lambda_2^2)$$
$$+ (6\eta_B - 3\eta_A)\lambda_1^2\lambda_2 - (12\eta_B - 17\eta_A)\lambda_1\lambda_2^2 + (24\eta_B - 20\eta_A)\lambda_2^2$$
$$+ \eta_A(\lambda_1^2\lambda_2^2 + 3\lambda_1\lambda_2^3 + 4\lambda_2^4)$$
$$g_2 = \eta_A(18\lambda_1\lambda_2 + 6\lambda_1\lambda_2^2 + 18\lambda_2^3 - 12\lambda_1 - 8) + 2(\eta_B + 2\eta_A)\lambda_1^2 \qquad (2\text{-}15)$$
$$- 2(5\eta_B + \eta_A)\lambda_2^2 + 8\eta_B$$
$$g_1 = \eta_A(34\lambda_2^2 - 2\lambda_1^2 + 24\lambda_1 - 8)$$
$$g_0 = \eta_A(24\lambda_2 - 8\lambda_1 + 16)$$

式 (2-14) 表示的方程比较复杂，很难得到其闭合表达式，这里采用数值计算方法进行求解。通过数值计算可以获得式 (2-14) 的根，认为是最优功率分配因子 α_{opt} 的近似结果，可以达到最大安全能量效率。用 Matlab 来计算近似的最优功率分配因子，并在 2.2.4 小节给出仿真结果和对比。

2.2.3 两种特殊情况分析

在本小节，将着重讨论两种特殊情况下的近似的最优功率分配因子 α_{opt}。首先，讨论高信噪比条件下优化功率分配因子，然后讨论 A 和 B 具有相同功率放大效率情况下的最优功率分配因子。

1. 高信噪比条件

当 B 到 R 的协作干扰信号的发射功率相对较高时，也即 $\gamma_{\mathrm{B\text{-}R}}$ 非常大时，式 (2-12) 的微分方程可以简化为

$$f^{\mathrm{H}}(\alpha) = \left(\frac{\mu - 2\mu\alpha}{-\mu\alpha^2 + \mu\alpha} - \frac{3\mu + 2\alpha(\mu - 1)^2 - 3}{\alpha(3\mu - 3) + \alpha^2(\mu - 1)^2 + 2} \right)$$
$$\times \left(\frac{1}{\eta_B} - \alpha\frac{\eta_A - \eta_B}{\eta_A\eta_B} \right) + \frac{\eta_A - \eta_B}{\eta_A\eta_B} = 0 \qquad (2\text{-}16)$$

式 (2-16) 的微分方程是由式 (2-12) 简化而来的。经过一些数学计算，近似的 α_{opt} 是通过以下方程来计算得到

$$M(\alpha) = (\eta_B - \eta_A)(\mu - 1)^2\alpha^4 + \eta_A - \eta_B(\mu^2 - 4\mu + 2)\alpha^3$$
$$+ \left[\eta_B(1 - 3\mu) + \eta_A(1 + 2\mu - \mu^2) \right]\alpha^2 - 4\eta_A\alpha + 2\eta_A = 0 \qquad (2\text{-}17)$$

此外，从 A 到 R 的有用信号和从 B 到 R 的协作干扰信号具有相同的等效信噪比，此时有 $\mu = 1$，则式 (2-12) 中的问题可进一步简化为

$$f_{\text{equ}}^{\text{H}}(\alpha) = \frac{\eta_{\text{A}} - \eta_{\text{B}}}{\eta_{\text{A}}\eta_{\text{B}}} - \frac{(2\alpha - 1)\left(\dfrac{1}{\eta_{\text{B}}} - \alpha\dfrac{\eta_{\text{A}} - \eta_{\text{B}}}{\eta_{\text{A}}\eta_{\text{B}}}\right)}{\alpha - \alpha^2} = 0 \qquad (2\text{-}18)$$

通过求解式 (2-18)，可以直接计算出

$$\alpha_{\text{opt}} = \begin{cases} \dfrac{\eta_{\text{A}} - \sqrt{\eta_{\text{A}}\eta_{\text{B}}}}{\eta_{\text{A}} - \eta_{\text{B}}} & \eta_{\text{A}} \neq \eta_{\text{B}} \\[3mm] \dfrac{1}{2} & \eta_{\text{A}} = \eta_{\text{B}} \end{cases} \qquad (2\text{-}19)$$

从式 (2-19) 可以看出，当两个节点的功率放大效率相同时，则总功率均等地分配给两个节点，即 $\alpha_{\text{opt}} = \dfrac{1}{2}$。然而，当两个节点的功放效率不同时，$\dfrac{\eta_{\text{A}} - \sqrt{\eta_{\text{A}}\eta_{\text{B}}}}{\eta_{\text{A}} - \eta_{\text{B}}} = \dfrac{1}{1 + \sqrt{\dfrac{\eta_{\text{B}}}{\eta_{\text{A}}}}}$，因此，最优功率分配因子与 $\sqrt{\dfrac{\eta_{\text{B}}}{\eta_{\text{A}}}}$ 成反比。

2. 相同功率放大效率

这里将讨论另一种特殊情况的近似 α_{opt}——节点 A 和 B 具有相同的功率放大效率，即 $\eta_{\text{A}} = \eta_{\text{B}} = \eta$。此时，式 (2-12) 可简化为

$$f^{\text{S}}(\alpha) = \frac{1}{\eta}\left(\frac{\lambda_1 - 2 - 2\alpha\lambda_1}{\alpha^2\lambda_1 + \alpha(\lambda_1 - 2) + 2} - \frac{2\alpha\lambda_2^2 + 3\lambda_1}{3\alpha\lambda_1 + \alpha^2\lambda_1^2 + 2}\right) = 0 \qquad (2\text{-}20)$$

计算得到近似的 α_{opt} 为

$$\alpha_{\text{opt}} = \begin{cases} \dfrac{2\lambda_1 - \sqrt{2(\lambda_1 - \lambda_2)(\lambda_1 - 2\lambda_2)(\lambda_2 + 2)} + 2\lambda_2^2}{-3\lambda_1\lambda_2 - \lambda_1\lambda_2^2 + \lambda_2^2} & \mu \neq 1 \\[3mm] \dfrac{\lambda_1 - 2}{2\lambda_1} & \mu = 1 \end{cases} \qquad (2\text{-}21)$$

需要注意的是，根据最优功率分配，式 (2-21) 中的 α_{opt} 等同于最大化安全速率对应的最优功率分配因子。考虑式 (2-14) 中的安全速率，当 $\eta_{\text{A}} = \eta_{\text{B}} = \eta$ 时，式 (2-8) 中的总功耗是 $P_{\text{T}} = \dfrac{P}{\eta} + P_{\text{cA}} + P_{\text{cB}}$，这是与 α 无关的常数。因此，在式 (2-11) 中定义的最大化问题，由 $\eta_{\text{A}} = \eta_{\text{B}} = \eta$ 转化为最大化安全速率优化问题。

2.2.4 仿真结果与分析

本小节将给出一些 Matlab 数值计算结果，验证之前的理论分析。研究近似最优功率分配因子带来的误差，同时给出从式 (2-11) 直接得到精确最优功率分配因子对应的性能。图 2-2 显示了 $\mu = 1$、$\gamma_{\text{B-R}} = \gamma_{\text{A-R}} = 40\text{dB}$ 时不同功率放大效率与精确的最优功率分配因子 α_{opt} 之间的关系。对于给定的 η_B，α_{opt} 随着 η_A 的增大而减小。这是由于随着 η_A 增大，源节点 A 的功率转换效率提高，可以分配更少的功率 αP 给 A。而对于给定的 η_A，α_{opt} 随着 η_B 的变化趋势与之相反。这是由于随着 η_B 增大，目的节点 B 功率转换效率提高，可以分配更少的功率 $(1 - \alpha) P$ 给 B，以获得足够好的协作干扰效果。在图 2-2 中，也可以观察到，当 $\eta_A = \eta_B$ 时，α_{opt} 总是等于常数 0.475，这个可以从式 (2-21) 中直接计算出来。

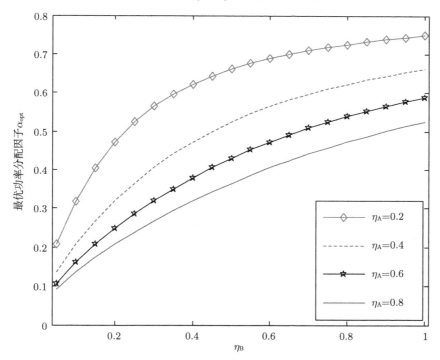

图 2-2　最优功率分配因子 α_{opt} 随不同的功率放大效率 η_A 和 η_B 的变化趋势

在接下来的仿真中，针对不同的功率放大效率，考虑了 3 种情况。令 $\eta_B = \omega \eta_A$，$\omega = 1, 1.5, 3$ 分别与场景 1, 2, 3 一一对应，代表了 A 和 B 的功放效率的不同比值。

图 2-3 给出了不同 μ 值和功率放大效率情况下的精确最优功率分配因子。可以看出，随着 μ 值增加，最优功率分配因子逐渐降低，这意味着更多的功率需要分配给等效信噪比较低的传输链路。另一个结论是，更多的功率需要分配给功率放大效率较低的通信链路，即较大的 η_A 或 η_B。

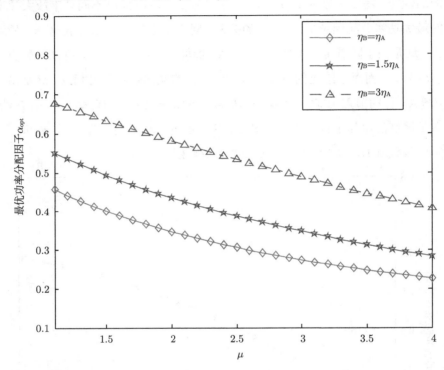

图 2-3　不同 μ 值和功率放大效率情况下的精确最优功率分配因子

进一步，在图 2-4 中，针对不同的 μ，比较了最优功率分配因子的精确值和近似值。图 2-4 中仿真采用的近似最优功率分配因子是采用了式 (2-13) 泰勒展开式的第一项，这样针对场景 1 和场景 2，α_{opt} 的近似值相对于精确值有一个较小的误差。为了对误差进行深入和定量的分析，定义相对误差 e 为

$$e = \frac{\left| d - \hat{d} \right|}{d} \times 100\% \tag{2-22}$$

其中，d 和 $\hat{d}$ 分别表示最优功率分配因子或安全能量效率的精确值和近似值。图 2-5 显示了不同功率放大效率条件下最优功率分配因子的精确值和近似值之间

的相对误差。可以发现,最优功率分配因子的相对误差随着 μ 的增加而增加;当 A 和 B 具有相同的功率放大器效率 (即场景 1) 时,最优功率分配因子相对误差较小,约为 2%。但是,其他的场景有较大的相对误差。

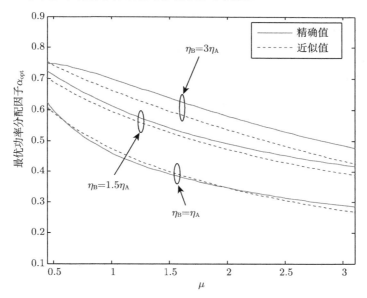

图 2-4 不同 μ 值下,精确的 α_{opt} 和泰勒展开式近似计算的 α_{opt} 对比

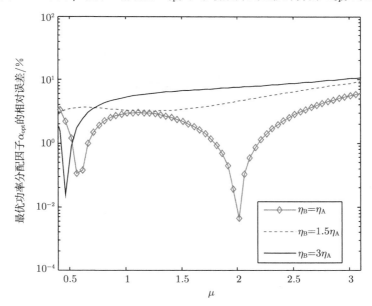

图 2-5 精确的 α_{opt} 和基于泰勒展开式近似计算的 α_{opt} 之间的相对误差

进一步关注相对误差最大的场景 3($\eta_\mathrm{B} = 3\eta_\mathrm{A}$)，并在图 2-6 中讨论近似误差对最优功率分配因子的影响。

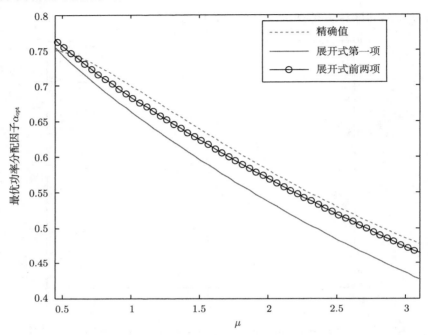

图 2-6　使用泰勒展开式一项或多项得到的近似最优功率分配因子的误差对比

在图 2-6 中，误差由式 (2-13) 中泰勒展开式的有限项产生。随着更多泰勒展开项的使用，最优功率分配因子的近似值越来越接近于精确值。然而，考虑到实现的复杂性和可达的安全能量效率，在可接受安全能量效率的牺牲前提下，只使用式 (2-13) 中的第一项来做近似处理。图 2-7 和图 2-8 详细对比了近似最优功率分配因子对安全能量效率的影响。

需要注意的是，在图 2-7 和图 2-8 的仿真中，近似最优功率分配因子的计算只使用了式 (2-13) 中泰勒展开式的第一项。在图 2-7 中，给出了在情景 3 下精确和近似最优功率分配因子对应的可达安全能量效率随 μ 的变化情况。可以观察到，即使对于最优功率分配因子误差最大的场景 3 即 $\eta_\mathrm{B} = 3\eta_\mathrm{A}$，近似最优功率分配因子对安全能量效率影响也较小。

图 2-8 展示了所有场景中采用近似最优功率分配因子时安全能量效率的相对

误差。仿真结果验证了这些误差是可以忽略，原因是即使在最坏的情景下，误差也小于 1%，而在其他情景下则小于 0.1%。以上这些仿真结果进一步证明，仅使用式 (2-13) 中的泰勒展开式的第一项就足以获得足够精确的最优功率分配因子和安全能量效率。

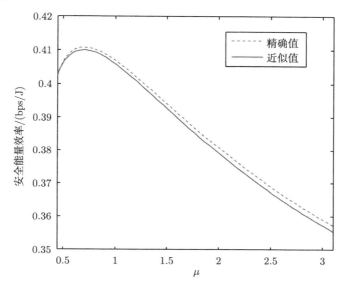

图 2-7 场景 3 条件下不同 μ 值时近似最优功率分配因子对安全能量效率的影响

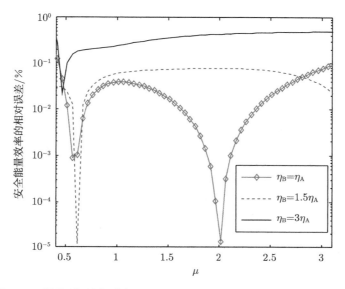

图 2-8 采用近似最优功率分配因子时可达安全能量效率的相对误差

　　图 2-9 显示了当 $\mu = 1$ 时，不同功率分配因子对应的系统可达安全能量效率的变化趋势。从图中可以看出，场景 1、2 和 3 的最优功率分配因子分别是 0.475、0.62 和 0.7，这与从式 (2-14) 直接计算得到的结果相吻合。这个事实验证了所提出的最优功率分配方案的正确性。

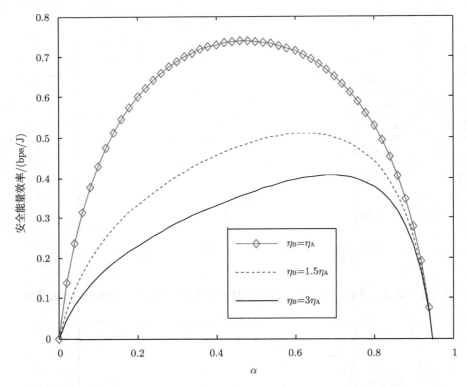

图 2-9　$\mu = 1$ 时，可达安全能量效率随不同 η_A 和 η_B 比值的变化情况

　　在本节中，针对基于协作干扰的单向不可信中继网络的安全传输，研究安全能量效率最大化的最优功率分配方案。考虑到该优化的复杂性，提出了一种基于泰勒展开式的近似计算方法，这种近似计算方法带来的误差是在可接受范围之内的。仿真给出的数值计算结果验证了该算法的有效性，最大安全能量效率近似误差很小，即使在最坏的情况下，安全能量效率的相对误差也不超 1%，是可以忽略不计的。而当 A 和 B 具有相同的功率放大效率时，安全能量效率由于近似带来的相对误差为零。

2.3 双向不可信中继网络的最优功率分配方案

为了进一步提高频谱效率,本节研究一种双向不可信中继网络的安全传输,两个用户节点通过不可信中继交换有用信息。两个用户的有用信息互为协作干扰,不需要额外发射协作干扰信号。因此,相较于单向中继网络,本节所研究的双向中继网络可以提升安全频谱效率。同样,考虑到系统总发射能量受限,将研究两个用户发射功率的联合优化,以期获得最大化的系统安全能量效率。

2.3.1 双向不可信中继协作干扰通信模型

下面将分别介绍双向中继网络的系统模型和功率消耗模型。

与图 2-1 所示的单向传输模型不同,双向全双工中继网络的传输系统模型如图 2-10 所示。

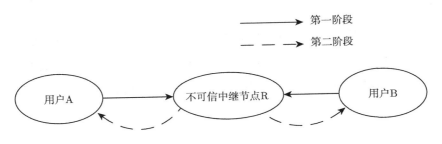

图 2-10 双向全双工中继网络传输系统模型

图 2-10 显示了一个协作的双向传输中继网络,用户 A 和用户 B 利用中继节点 R 交换有用消息。然而,用户 A 与用户 B 之间由于阴影衰落或距离太远而不存在直接通信链路。因此,用户 A 与用户 B 需要通过中继节点 R 实现通信。在这里,考虑一个特殊的应用场景,即在通信网络中,中继节点是不可信的,即不可信中继节点不仅可以工作在放大-转发模式下,传输接收到的信号,同时试图解码用户 A 与用户 B 传输的有用信息。因此,需要采用一些技术保护这些有用信息,避免不可信中继节点 R 窃听这些信息。用户 A、用户 B 和中继节点 R 都配置有一根天线。

进一步,假设研究的双向中继网络工作为全双工模式,一次信息交换由两个时隙实现，如图 2-10 所示。在第一时隙，用户 A 和用户 B 向它们共同的中继节点 R 发送各自的有用信号 x_A 和 x_B。此时，x_A 和 x_B 是相互独立且具有单位平均功率。在第二时隙，中继节点 R 将收到的合成信号以一定的增益 β 放大后再次发射[27]。假设所有的接收机的加性噪声服从均值为 0 和方差为 N_0 的复高斯分布。

在第一时隙，中继节点 R 接收到的信号，y_R 可以表示为

$$y_R = \sqrt{P_A}h_{A\text{-}R}x_A + \sqrt{P_B}h_{B\text{-}R}x_B + n_R \tag{2-23}$$

其中，P_A 和 P_B 分别表示用户 A 和用户 B 的发射功率；$h_{A\text{-}R}$ 和 $h_{B\text{-}R}$ 分别为用户 A 和用户 B 到中继节点 R 的信道增益，假设都是均值为 0 和方差为 σ^2 的复高斯变量；n_R 表示不可信中继节点 R 处接收到的加性高斯白噪声。假设信道满足信道互易定理[23]，即 $h_{A\text{-}R} = h^*_{R\text{-}A}$，$h_{B\text{-}R} = h^*_{R\text{-}B}$，这里 $h_{R\text{-}A}$ 和 $h_{R\text{-}B}$ 分别为中继节点 R 到用户 A 和用户 B 的信道增益；假设用户 A 和用户 B 具有完美的信道状态信息。

进一步，假设用户 A 和用户 B 发送的总功率为 P，$\alpha \in [0,1]$ 表示功率分配因子。因此，用户 A 和用户 B 分别以功率 αP 和 $(1-\alpha)P$ 来传输他们的有用消息。如果不可信中继对单个用户是可解码的，那么在中继节点 R 处接收到从用户 A 发送的数据速率可以计算为

$$R_{A\text{-}R}(\alpha) = \frac{1}{2}\log_2\left(1 + \frac{|h_{A\text{-}R}|^2 \alpha P}{|h_{B\text{-}R}|^2 (1-\alpha)P + N_0}\right) \tag{2-24}$$

其中，$|h_{B\text{-}R}|^2 (1-\alpha)P$ 表示 A 到 R 传输链路受到的干扰，这个干扰是由 B 到 R 的干扰信号产生。借鉴 2.2.1 小节的定义，用户 A 和用户 B 到中继节点 R 的等效信噪比分别表示为：$\gamma_{A\text{-}R} = |h_{A\text{-}R}|^2 P/N_0$，$\gamma_{B\text{-}R} = |h_{B\text{-}R}|^2 P/N_0$。$\mu = \gamma_{A\text{-}R}/\gamma_{B\text{-}R}$ 定义为用户 A 和用户 B 等效信噪比的比值，且令 $\lambda = 1/\gamma_{B\text{-}R}$。则式 (2-24) 所示中继节点 R 处接收用户 A 的速率可以简化为

$$R_{A\text{-}R}(\alpha) = \frac{1}{2}\log_2\left(1 + \frac{\dfrac{|h_{A\text{-}R}|^2 \alpha P}{N_0}}{\dfrac{|h_{B\text{-}R}|^2 (1-\alpha)P + 1}{N_0}}\right)$$

$$= \frac{1}{2} \log_2 \left(1 + \frac{\alpha \gamma_{\text{A-R}}}{(1-\alpha)\gamma_{\text{B-R}+1}} \right) = \frac{1}{2} \log_2 \left(1 + \frac{\alpha \gamma_{\text{A-R}}/\gamma_{\text{B-R}}}{(1-\alpha) + 1/\gamma_{\text{B-R}}} \right)$$

$$= \frac{1}{2} \log_2 \left(1 + \frac{\alpha \mu}{(1-\alpha) + \lambda} \right)$$

(2-25)

其中，$\frac{1}{2}$ 表示一次传输需要 2 个时隙完成。类似地，可以计算中继节点 R 接收用户 B 有用信息对应的可达速率为

$$R_{\text{B-R}}(\alpha) = \frac{1}{2} \log_2 \left(1 + \frac{|h_{\text{B-R}}|^2 (1-\alpha)P}{|h_{\text{A-R}}|^2 \alpha P + N_0} \right)$$

$$= \frac{1}{2} \log_2 \left(1 + \frac{1-\alpha}{\alpha \mu + \lambda} \right)$$

(2-26)

在第二时隙，中继节点 R 将接收到的信号以增益 β 放大后转发给用户 A 和用户 B，中继节点 R 发送的信号 z_{R} 可表示为

$$z_{\text{R}} = \beta \left(\sqrt{\alpha P} h_{\text{A-R}} x_{\text{A}} + \sqrt{(1-\alpha)P} h_{\text{B-R}} x_{\text{B}} + n_{\text{R}} \right)$$

(2-27)

假设中继节点 R 发射功率为 P，则可得 $|z_{\text{R}}|^2 = P$，进而利用这个归一化条件可以确定中继 R 的放大系数为

$$\beta = \sqrt{\frac{P}{\alpha P |h_{\text{A-R}}|^2 + (1-\alpha)P |h_{\text{B-R}}|^2 + N_0}}$$

(2-28)

在用户 A 和用户 B 处接收到不可信中继 R 转发的信号分别为

$$y_{\text{A}} = \beta \sqrt{\alpha P} h_{\text{A-R}} x_{\text{A}} h_{\text{R-A}} + \beta \sqrt{(1-\alpha)P} h_{\text{B-R}} x_{\text{B}} h_{\text{R-A}} + \beta n_{\text{R}} h_{\text{R-A}} + n_{\text{A}}$$

(2-29)

$$y_{\text{B}} = \beta \sqrt{\alpha P} h_{\text{A-R}} x_{\text{A}} h_{\text{R-B}} + \beta \sqrt{(1-\alpha)P} h_{\text{B-R}} x_{\text{B}} h_{\text{R-B}} + \beta n_{\text{R}} h_{\text{R-B}} + n_{\text{B}}$$

(2-30)

其中，n_{A} 和 n_{B} 是用户 A 和用户 B 接收到的加性高斯白噪声。假设用户 A 和用户 B 具有完美的信道状态信息 $h_{\text{R-A}}$ 和 $h_{\text{R-B}}$，由于 x_{A} 和 x_{B} 是在用户 A 和用户 B 第一时隙发送的信息，对于用户 A 和用户 B 来说是已知的信号，则式 (2-29) 中的 $\beta \sqrt{\alpha P} h_{\text{A-R}} x_{\text{A}} h_{\text{R-A}}$ 和式 (2-30) 中的 $\beta \sqrt{(1-\alpha)P} h_{\text{B-R}} x_{\text{B}} h_{\text{R-B}}$ 可以基于自干扰消除技术消去。这样用户 A 和用户 B 处的瞬时信干噪比可表示为

$$\gamma_{\text{A}} = \frac{\beta^2 (1-\alpha)P |h_{\text{A-R}}|^2 |h_{\text{B-R}}|^2}{\beta^2 |h_{\text{A-R}}|^2 N_0 + N_0}$$

(2-31)

$$\gamma_{\mathrm{B}} = \frac{\beta^2 \alpha P \left|h_{\mathrm{A\text{-}R}}\right|^2 \left|h_{\mathrm{B\text{-}R}}\right|^2}{\beta^2 \left|h_{\mathrm{B\text{-}R}}\right|^2 N_0 + N_0} \tag{2-32}$$

假设 γ_{A} 和 γ_{B} 足够大，可以确保网络进行安全传输。经过数学运算化简之后，用户 A 和用户 B 的接收速率可以分别表示为

$$\begin{aligned} R_{\mathrm{A}}(\alpha) &= \frac{1}{2} \log_2 \left(1 + \frac{(1-\alpha)\mu\gamma_{\mathrm{B\text{-}R}}}{\alpha(\mu-1) + (\mu+1) + \lambda}\right) \\ &\approx \frac{1}{2} \log_2 \left(\frac{(1-\alpha)\mu\gamma_{\mathrm{B\text{-}R}}}{\alpha(\mu-1) + (\mu+1) + \lambda}\right) \end{aligned} \tag{2-33}$$

$$\begin{aligned} R_{\mathrm{B}}(\alpha) &= \frac{1}{2} \log_2 \left(1 + \frac{\alpha\mu\gamma_{\mathrm{B\text{-}R}}}{\alpha\mu + (2-\alpha) + \lambda}\right) \\ &\approx \frac{1}{2} \log_2 \left(\frac{\alpha\mu\gamma_{\mathrm{B\text{-}R}}}{\alpha\mu + (2-\alpha) + \lambda}\right) \end{aligned} \tag{2-34}$$

由于中继节点 R 是不可信的，且其功率消耗是固定的，简单地，忽略中继节点 R 的功率消耗，只考虑两个用户的功率消耗，包括功率放大器和其他电路模块中消耗的部分。因此，两个用户的总功耗可由式 (2-8) 表示。

2.3.2　最优功率分配方案

1. 问题建模

在研究的系统模型中，如果任何一个用户的有用信息被不可信中继译码，那么这样的数据传输就是不安全的。物理层安全技术可以用来保护有用信息不受窃听。但是，用户 A 和用户 B 的功率是有限的。因此，安全通信的优化设计需要同时考虑安全需求、系统可达容量和功率限制。从绿色通信与物理层安全的角度来看，安全能量功率是一个比较合适的指标，被定义为安全和速率与总功耗的比值 [22]。

由文献 [25] 可知，定义整个网络可达安全和速率为

$$\begin{aligned} R_{\mathrm{S}}(\alpha) &= R_{\mathrm{A\text{-}B}}(\alpha) + R_{\mathrm{B\text{-}A}}(\alpha) \\ &= R_{\mathrm{A}}(\alpha) + R_{\mathrm{B}}(\alpha) - R_{\mathrm{A\text{-}R}}(\alpha) - R_{\mathrm{B\text{-}R}}(\alpha) \end{aligned} \tag{2-35}$$

其中，$R_{\mathrm{A\text{-}B}}(\alpha)$ 和 $R_{\mathrm{B\text{-}A}}(\alpha)$ 分别表示传输链路 A-R-B 和 B-R-A 的安全速率。将式 (2-35) 中的安全和速率与式 (2-8) 中的总功耗的比值定义为双向中继网络的安全能量效率，可以表示为

$$EE(\alpha) = \frac{R_S(\alpha)}{P_T(\alpha)} \tag{2-36}$$

与优化问题式 (2-11) 类似，为了实现安全、高能效传输，可以通过将功率分配因子最优化，合理地给用户 A 和 B 分配功率，使安全能量效率最大化。这一问题可以表示为

$$\alpha_{opt} = \arg\max_{\alpha}\ EE(\alpha) = \arg\max_{\alpha} \frac{R_S(\alpha)}{P_T(\alpha)} \tag{2-37}$$
$$\text{s.t.} \quad \alpha \in [0,1]$$

通过式 (2-25)、式 (2-26)、式 (2-33)~ 式 (2-35)，可以得到 $R_S(\alpha)$ 的具体表达式为

$$R_S(\alpha) = \frac{1}{2\ln 2} \ln \left(\frac{-\alpha(\alpha-1)(\lambda_1+1)(\lambda_2\alpha+2)(\lambda_3\alpha+\lambda_2+2)}{(\lambda_1\alpha+1)^2(\lambda_1\alpha+2)(\lambda_1(\alpha+1)+2)} \right) \tag{2-38}$$

其中，$\lambda_1 = \mu - 1$; $\lambda_2 = \mu + \mu\gamma_{B\text{-}R} - 1$; $\lambda_3 = \mu - \mu\gamma_{B\text{-}R} - 1$。同时令

$$k = \frac{-\alpha(\alpha-1)(\lambda_1+1)(\lambda_2\alpha+2)(\lambda_3\alpha+\lambda_2+2)}{(\lambda_1\alpha+1)^2(\lambda_1\alpha+2)(\lambda_1(\alpha+1)+2)}$$

2. 最优化功率分配方案

在高信噪比条件下，λ 逐渐趋近于 0。当 $\lambda = 0$ 时，在中继节点处窃听到有用信息的概率是最大的 [23]。因此，为了便于分析和深入优化这个系统，在下面的分析中设置 $\lambda = 0$。本书通过优化功率分配因子，使安全能量效率最大化。

因为式 (2-37) 中的目标函数在区间 $[0,1]$ 上满足 $\frac{\mathrm{d}^2 EE(\alpha)}{\mathrm{d}\alpha^2} < 0$，所以 $EE(\alpha)$ 在 $[0,1]$ 中的最大值是存在的。为了找到 $EE(\alpha)$ 的最大值和最优化功率分配因子 α_{opt}，对 $EE(\alpha)$ 求导，并让其导数等于 0。

因为式 (2-37) 中的分母 $P_T(\alpha)$ 也是 α 的函数，所以直接对 $EE(\alpha)$ 求导存在一定的困难。考虑到 $\ln x$ 函数是单调递增的，为了简化目标函数的求导操作，可以将式 (2-37) 转化为对数形式：

$$\ln EE(\alpha) = \ln R_S(\alpha) - \ln P_T(\alpha) \tag{2-39}$$

然后，对 $\ln EE(\alpha)$ 进行求导，并让求导结果等于 0，可以得到

$$\frac{\mathrm{d}R_S(\alpha)}{\mathrm{d}\alpha} \frac{1}{R_S(\alpha)} - \frac{\mathrm{d}P_T(\alpha)}{\mathrm{d}\alpha} \frac{1}{P_T(\alpha)} = 0 \tag{2-40}$$

　　从式 (2-40) 中可以看出，由于 $R_S(\alpha)$ 包含复杂的对数计算操作，使得式 (2-40) 的求解复杂度仍然很高。因此，采用式 (2-13) 的泰勒展开式简化式 (2-40) 中对数函数的运算。后续的推导过程与 2.2.2 小节中 "最优功率分配求解" 的过程相同。为了方便，重写式 (2-13) 的泰勒展开式为

$$\ln k = \frac{2}{2}\ln\left(\frac{1+\dfrac{k-1}{k+1}}{1-\dfrac{k-1}{k+1}}\right) = 2\operatorname{arctanh}\left(\frac{k-1}{k+1}\right)$$

$$= 2\sum_{n=1}^{\infty}\frac{1}{2n-1}\left(\frac{k-1}{k+1}\right)^{2n-1}, \quad \left|\frac{k-1}{k+1}\right| < 1 \tag{2-41}$$

　　式 (2-41) 中的第 n 项为 $\dfrac{1}{2n-1}\left(\dfrac{k-1}{k+1}\right)^{2n-1}$，由式 (2-38) 可以得到 $\dfrac{k-1}{k+1}\in$ $(-1,1)$。因此，随着 n 的增大，$\left|\dfrac{1}{2n-1}\left(\dfrac{k-1}{k+1}\right)^{2n-1}\right|$ 衰减的速度非常快。同样，在接下来的分析和仿真中，采用式 (2-13) 中泰勒展开式的第一项来近似地表示 $\ln k$，这个近似处理会带来一定的误差，但这个误差是较小的、可以接受的。此外，采用泰勒展开式的更多项进行近似计算可以用来减少精确值和近似值之间的差距，但复杂性必然提高。这些假设将在 2.3.4 小节中进行验证。

　　进一步，假设用户 A 和用户 B 电路消耗功率很小，即 $P_{cA}\approx 0$，$P_{cB}\approx 0$。基于上述的分析和近似处理，可以得到式 (2-40) 具体表达式为

$$g_8\alpha^8 + g_7\alpha^7 + g_6\alpha^6 + g_5\alpha^5 + g_4\alpha^4 + g_3\alpha^3 + g_2\alpha^2 + g_1\alpha + g_0 = 0, \tag{2-42}$$

其中，

$$g_8 = (\eta_B - \eta_A)(2\lambda_1^2\lambda_2^2\lambda_3 - 4\lambda_1\lambda_3^4 + \lambda_1^8)$$

$$g_7 = (\eta_B - \eta_A)(15\lambda_1^2\lambda_2^3\lambda_3^2 + 10\lambda_1\lambda_2^2\lambda_3^2 + 3\lambda_1^2\lambda_3^2 - 5\lambda_1^2$$
$$-\lambda_1\lambda_2^4\lambda_3^2 + 2\lambda_2^4\lambda_3^2 + 7\lambda_3^2)$$

$$g_6 = (\eta_B - \eta_A)(11\lambda_1\lambda_2\lambda_3^2 + 17\lambda_1^2\lambda_2^3\lambda_3^2 + 12\lambda_2^2\lambda_3^2)$$
$$+(6\eta_B - 13\eta_A)(\lambda_1\lambda_2^2\lambda_3^2 - 6\lambda_1^2\lambda_3) + (3\eta_B - 4\eta_A)$$
$$(\lambda_1\lambda_2^2\lambda_3^2 - 3\lambda_1\lambda_2^3) - (3\eta_B - 2\eta_A)(3\lambda_1^2\lambda_2\lambda_3^2)$$
$$+\eta_A(\lambda_1\lambda_2^4\lambda_3^2 - 2\lambda_2^4\lambda_3)$$

$$g_5 = (\eta_B - \eta_A)(4\lambda_1 + 24\lambda_2 + 3\lambda_1\lambda_3^2 + 7\lambda_1^4\lambda_2^3\lambda_3^2 + 12\lambda_2^2\lambda_3^2)$$

$$-(\eta_B + \eta_A)(2\lambda_1^2 - \lambda_1\lambda_2^4\lambda_3^2) - 6\eta_B(\lambda_1\lambda_2\lambda_3^2 + 3\lambda_2^3\lambda_3)$$

$$+(3\eta_B - 2\eta_A)\lambda_1^2\lambda_2 - (12\eta_B - 17\eta_A)\lambda_1\lambda_2^4\lambda_3^2$$

$$+(15\eta_B - 20\eta_A)\lambda_2^2\lambda_3^2 + \eta_A(\lambda_1^2\lambda_2^2\lambda_3^2 + 3\lambda_1\lambda_2^3 + 4\lambda_2^3\lambda_3^2 - 5\lambda_2)$$

$$g_4 = (\eta_B - \eta_A)(14\lambda_1\lambda_2 + 8\lambda_2^3\lambda_3^2 + 12\lambda_2^2\lambda_3^2)$$

$$+(15\eta_B - 13\eta_A)(\lambda_1\lambda_2^2\lambda_3^2 - \lambda_2^2\lambda_3) + (3\eta_B - 4\eta_A)(\lambda_1^2\lambda_2^2 - 3\lambda_1\lambda_2^3)$$

$$-(3\eta_B - 2\eta_A)(3\lambda_1^2\lambda_2 + 5\lambda_1^2\lambda_2^3) + \eta_A(\lambda_1\lambda_2^4 - 2\lambda_2^4$$

$$+\lambda_3^2) + \eta_B(\lambda_1^2\lambda_2^2 + 3\lambda_1\lambda_2^3\lambda_3^2 + 4\lambda_2^4)$$

$$g_3 = (\eta_B - \eta_A)(4\lambda_1 + 24\lambda_2 - 4\lambda_3) - (\eta_B + \eta_A)2\lambda_1^2\lambda_3^2 - 6\eta_B(\lambda_1\lambda_2\lambda_3^2 + \lambda_2^3)$$

$$+(6\eta_B - 3\eta_A)\lambda_1^2\lambda_2 - (12\eta_B - 17\eta_A)\lambda_1\lambda_2^2\lambda_3^2 + (24\eta_B - 20\eta_A)\lambda_2^2\lambda_3^2$$

$$g_1 = \eta_A(34\lambda_1^2\lambda_2^3\lambda_3^2 - 2\lambda_1^2\lambda_2^3\lambda_3^2) + \eta_B(24\lambda_1 - 8\lambda_2^3\lambda_3^2)$$

$$g_0 = \eta_A(2\lambda_1^2\lambda_2^2 - 8\lambda_1\lambda_3^2 + 16\lambda_1\lambda_2^3\lambda_3) + \eta_B\lambda_2^4$$

可以看出，双向不可信中继网络最优功率分配因子的求解复杂度要远远高于单向的情况，原因是双向不可信中继网络需要同时考虑两个用户的信息传输链路。最优功率分配因子的近似值由式 (2-42) 的根求出，可以使用数学软件进行求解，也可以采用数值计算方法进行求解。在本节中，使用 Matlab 求解式 (2-42) 的根以及 2.3.3 小节的仿真问题。

2.3.3 仿真结果与分析

在本小节中，给出一些数值计算结果用于验证先前的理论分析。为了研究该近似方法的误差，还将最优功率分配因子从式 (2-40) 中直接计算得到的精确值与近似结果进行比较。

图 2-11 显示了当 $\mu = 1$，$\gamma_{A-R} = \gamma_{B-R} = 40$dB 时，不同功率放大器放大效率 η_A 和 η_B 对应精确最优功率分配因子 α_{opt} 的变化情况。可以观察到，在 η_B 固定不变的前提下，α_{opt} 随着 η_A 的增大而减小；但在 η_A 不变的前提下，α_{opt} 随着 η_B 变化的趋势与 η_A 正好相反。这是由于分配给用户 A 和用户 B 的功率分别为 αP 和 $(1-\alpha)P$，α 随着 η_A 的增大而减小，$(1-\alpha)$ 随着 η_B 的增大而减小。也就是说，

需要给功率放大器放大效率较低的用户分配更多的功率。从图 2-11 中，也可以观察到，在 $\eta_A = \eta_B$ 的情况下，α_{opt} 为 0.5，是一个定值。也就是说，对于相同功率放大效率的用户 A 和用户 B，总功率均等分配。

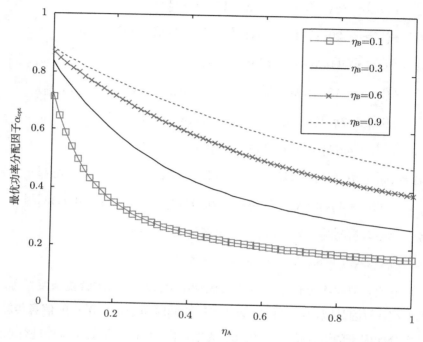

图 2-11　不同功率放大器放大效率对应的精确最优功率分配因子的变化

在接下来的分析中，针对不同的功率放大器放大效率，考虑了 4 种场景。令 $\eta_B = \omega\eta_A$，其中比例因子 $\omega = 0.5, 1, 2, 3$ 分别与场景 1，2，3，4 一一对应。当 $\omega = 0.5$ 时，用户 B 的功率放大器放大效率低于用户 A；当 $\omega = 1$ 时，用户 B 的功率放大器放大效率等于用户 A；在 $\omega = 2$ 和 $\omega = 3$ 的情况下，用户 B 的功率放大器放大效率高于用户 A。

图 2-12 进一步展示了在不同 μ 和不同功率放大效率的情况下，精确最优功率分配因子 α_{opt} 的趋势。从图 2-12 中可以看出，α_{opt} 随着 μ 的增大而减小，也就是说，更多的功率需要被分配给等效信噪比较低的传输链路。

为了验证提出的最优功率分配方案的正确性，在图 2-13 中给出了当 $\mu = 1$ 时，在不同的功率分配因子情况下网络可达的安全能量效率。从图 2-13 中可以看出，最优功率分配因子 α_{opt} 在场景 1，2，3，4 下分别为 0.35，0.5，0.71，0.79，与式 (2-40) 计算得到的结果相一致。

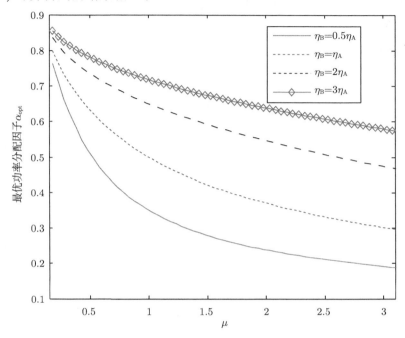

图 2-12 在不同 μ 和不同功率放大效率的情况下精确最优功率分配因子 α_{opt} 的变化

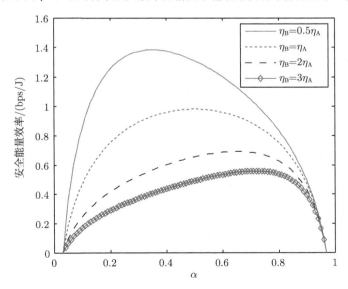

图 2-13 当 $\mu = 1$ 时，在不同功率分配因子情况下网络可达的安全能量效率

　　图 2-14展示了在不同 μ 值下精确计算的功率分配因子和近似计算的最优功率分配因子。可以看出，在场景 1，2，3 下近似值的误差较小，而在场景 4 下误差相对较大。

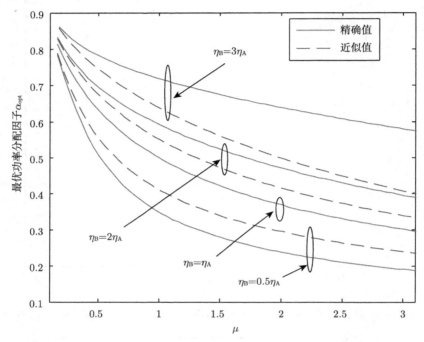

图 2-14　在不同 μ 值下精确计算与近似计算最优功率分配因子的比较

　　为了更加深入地研究近似带来的误差，参考式 (2-22) 计算最优功率分配因子 α_{opt} 和可达安全能量效率的相对误差。最优功率分配因子 α_{opt} 的相对误差如图 2-15 所示。由图 2-15 可以看出，最优功率分配因子 α_{opt} 的相对误差随着 μ 的增加而增加。对于场景 2，当 $\mu \leqslant 1$ 时，相对误差不超过 6%，即使在较大的情况下，相对误差大约为 10%。但是，对于其他场景，相对误差较大。

　　对于相对误差较大的场景 1 和 4，图 2-16 显示了精确和近似最优功率分配因子对应的可达安全能量效率。对应的可达安全能量效率的相对误差如图 2-17 所示。由图 2-16 和图 2-17 可以看出，近似的 α_{opt} 对安全能量效率的影响很小，即使在最坏的情况下，相对误差也小于 6%，在大多数情况下相对误差大约是 1%。

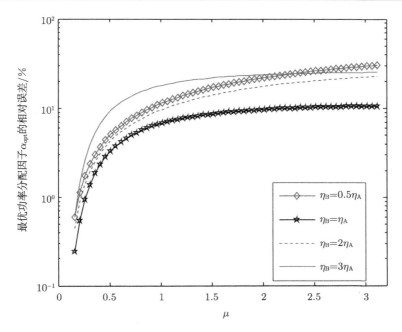

图 2-15 不同 μ 下最优功率分配因子 α_{opt} 的相对误差

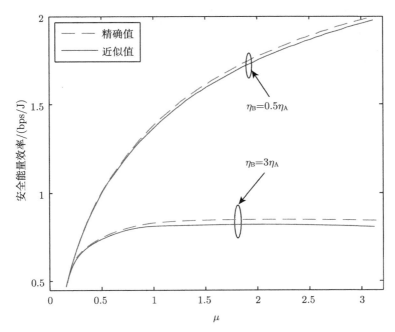

图 2-16 场景 1 和 4 中不同 μ 下精确和近似最优功率分配因子对应的可达安全能量效率对比

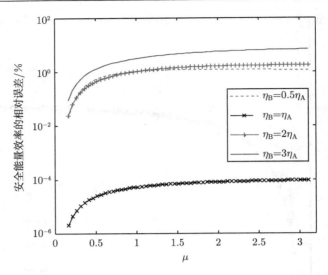

图 2-17 不同 μ 下精确和近似最优功率分配因子对应的可达安全能量效率相对误差

在图 2-18 中，关注的是误差较大的场景 4 中，近似误差对最优功率分配因子的影响。近似误差是由式 (2-13) 中泰勒展开式的有限项产生的。随着采用项数的增多，最优功率分配因子的近似值越来越接接近于预期的精确值。考虑到具体实现的复杂性和安全能量效率，只使用式 (2-13) 的第一项，对于安全能量效率来说，这个近似误差是可以接受的。

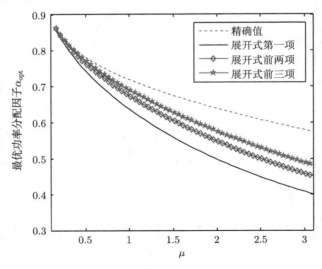

图 2-18 使用泰勒展开式一项或多项得到的近似最优功率分配因子之间的对比

本节讨论了双向不可信中继网络的协作安全传输，设计了用于传输的最优功率分配方案，使安全能量效率最大化。考虑到解决优化问题的复杂性，提出了一种基于泰勒展开式的简化近似算法，实验结果证明这种简化带来的误差是可接受的。最后，给出了数值计算结果，验证了所提出的算法和解决方案的正确性和有效性，使最大化安全能量效率的近似误差几乎可以忽略。在最坏的情况下，安全能量效率的相对误差也不超过 6%，在功率放大器放大效率相同的情况下相对误差可达到零。

参 考 文 献

[1] Yao R, Xu F, Mekkawy T, et al. Optimised power allocation to maximise secure rate in energy harvesting relay network[J]. Electronics Letters, 2016, 52(22): 1879-1881.

[2] International Telecommunication Union Recommendations. IMT vision-framework and overall objectives of the future development of IMT for 2020 and beyond: M. 2083-0.2015 [S]. Geneva: ITU, 2015.

[3] Zhang H, Gladisch A, Pickavet M, et al. Energy efficiency in communications[J]. IEEE Communications Magazine, 2010, 48(11): 48-49.

[4] Correia L M, Zeller D, Blume O, et al. Challenges and enabling technologies for energy aware mobile radio networks[J]. IEEE Communications Magazine, 2010, 48(11): 66-72.

[5] Auer G, Giannini V, Desset C, et al. How much energy is needed to run a wireless network?[J]. IEEE Wireless Communications, 2012, 18(5): 40-49.

[6] Laneman J N, Tse D N C, Wornell G W. Cooperative diversity in wireless networks: efficient protocols and outage behavior[J]. IEEE Transactions on Information Theory, 2004, 50(12): 3062-3080.

[7] Yao R, Mekkawy T, Xu F. Optimal power allocation to increase secure energy efficiency in a two-way relay network[C]. IEEE Vehicular Technology Conference, 2018: 1-5.

[8] Techical Specification. Access EUTR, Physical layer for relaying operation (Release 10): 3GPP TS. 2010, 36. V10[S]. Geneva: 3GPP, 2010.

[9] Amoiralis E I, Tsili M A, Spathopoulos V, et al. Energy efficiency optimization in UAVs: a review[J]. Materials Science Forum, 2014, 792(792): 281-286.

[10] Yang S, Cai Y, Yang W, et al. Energy efficient resource allocation for OFDM multi-relay

cellular networks[C]. 2014 Sixth IEEE International Conference on Wireless Communications and Signal Processing, 2014: 1-6.

[11]　Singh K, Ku M L, Lin J C. Joint QoS-promising and EE-balancing power allocation for two-way relay networks[C]. IEEE International Symposium on Personal, Indoor, and Mobile Radio Communications, 2015: 1781-1785.

[12]　Han J, Xiao B, Xi Y. An optimum frame length and transmission energy strategy for multi-hop relay networks[C]. IEEE International Conference on Signal Processing, Communications and Computing, 2017: 1-4.

[13]　Heliot F, Tafazolli R. Optimal energy-efficient source and relay precoder design for cooperative MIMO-AF systems[J]. IEEE Transactions on Signal Processing, 2018, 66(3): 573-588.

[14]　Rostampoor J, Razavizadeh S M, Lee I. Energy efficiency maximization precoding design for SWIPT in MIMO two-way relay networks[J]. IEEE Transactions on Vehicular Technology, 2017, 66(9): 7888-7896.

[15]　Cui Q, Zhang Y, Ni W, et al. Energy efficiency maximization of full-duplex two-way relay with non-ideal power amplifiers and non-negligible circuit power[J]. IEEE Transactions on Wireless Communications, 2017, 16(9): 6264-6278.

[16]　Jeon W S, Dong G J. Energy-efficient distributed resource allocation with low overhead in relay cellular networks[J]. IEEE Transactions on Vehicular Technology, 2017, 66(12): 11137-11150.

[17]　Singh K, Gupta A, Ratnarajah T, et al. A general approach toward green resource allocation in relay-assisted multiuser communication networks[J]. IEEE Transactions on Wireless Communications, 2018, 17(2): 848-862.

[18]　Wang D, Bai B, Chen W, et al. Secure green communication for amplify-and-forward relaying with eavesdroppers[C]. IEEE International Conference on Communications, 2015: 4468-4473.

[19]　Wang D, Bai B, Chen W, et al. Energy efficiency maximization for secure data transmission over DF relay networks[C]. International Conference on Communications, 2015: 2313-2317.

[20]　Song H, Wen H, Hu L, et al. Optimal power allocation for secrecy rate maximization in broadcast wiretap channels[J]. IEEE Wireless Communications Letters, 2018, 7(4):

514-517.

[21] Zarrabi H, Kuhestani A, Moradikia M. EE-RS and PA for untrusted relay network at high signal-to-noise ratio regime[J]. IET Communications, 2016, 10(16): 2143-2148.

[22] Wang D, Bai B, Chen W, et al. Secure green communication via untrusted two-way relaying: a physical layer approach[J]. IEEE Transactions on Communications, 2016, 64(5): 1861-1874.

[23] Bletsas A, Shin H, Win M Z. Cooperative communications with outage-optimal opportunistic relaying[J]. IEEE Transactions on Wireless Communications, 2007, 6(9): 3450-3460.

[24] Wang L, Elkashlan M, Huang J, et al. Secure transmission with optimal power allocation in untrusted relay networks[J]. IEEE Wireless Communications Letters, 2014, 3(3): 289-292.

[25] Li J, Petropulu A P, Weber S. On cooperative relaying schemes for wireless physical layer security[J]. IEEE Transactions on Signal Processing, 2011, 59(10): 4985-4997.

[26] Louie R H Y, Li Y, Vucetic B. Performance analysis of beamforming in two hop amplify and forward relay networks[C]. IEEE International Conference on Communications, 2008: 4311-4315.

[27] Sun L, Zhang T, Li Y, et al. Performance study of two-hop amplify-and-forward systems with untrustworthy relay nodes[J]. IEEE Transactions on Vehicular Technology, 2012, 61(8): 3801-3807.

第 3 章　具有能量收集功能的不可信中继网络中的最优功率/能量分配方案

3.1　引　　言

3.1.1　研究背景

协作中继技术能够提高无线通信系统速率和能量效率, 但也带来了恶意窃听以及非法转发等安全隐患 [1,2]。此外, 在未来的无线通信中, 中继节点可能需要远离集中式电源供给站, 如果需进行长时间的工作, 则就迫使中继节点必须从外界中获得能量。因此, 如何提高能量收集效率, 进而进一步高效利用收集到的能量, 最大化具有能量收集中继通信系统性能是一个很有价值的研究问题。

运用能量收集技术可以从周围环境中收集能量, 并将能量储存在电池中备用。常用的能量源有风能、热能、振动能、太阳能和射频能量等。但是, 由于太阳能、风能和热能等自然能源容易受到天气的影响, 而振动能和射频能量等有可控性和稳定性的优势, 逐渐被应用在低功耗的设备中。本章考虑不可信中继节点从源节点和目的节点辐射的射频信号中收集能量。在无线通信系统中, 受到电力线通信、RFID系统的启发, 文献 [3] 提出可以将信息和能量同时进行传输的思想。将信息和能量进行同时传输为用户提供了很大的便利, 但是接收机在实现上十分困难。针对这一问题, 文献 [4] 提出一种可行的接收协议, 即动态能量分割接收协议。该协议包含三种特殊情形, 即时间切换、静态能量分割以及开关功率分割。该协议自提出以来, 从射频信号进行能量收集逐渐得到了人们的重视。

在物理层安全研究中, 结合当前能量收集研究热点, 可将能量收集引入不可信的中继网络中, 考虑中继节点的能量收集功能, 使中继节点能从周围的环境和基站收集能量以维持自身的长时间通信, 这样可解决电池容量小、需要经常充电的难题, 从而降低成本, 提高能量效率。本章考虑了不可信中继节点从源节点和目的节点收集能量,用于后续的信号处理和转发。在系统总功率/能量一定的条件下,如何最大化系统的安全速率成为本章中能量收集不可信中继网络优化研究的重要问题。本章主要工作包括:

(1) 针对一个简单的能量收集不可信中继网络系统模型,研究其功率分配技术。中继节点可以从源节点和目的节点发射的射频信号中收集能量,用于后续的信号处理和放大–转发。分析并推导系统的安全速率表达式,建立最大化安全速率优化模型,并推导使安全速率最大化的功率分配因子。仿真验证所提方案的正确性和有效性,并分析了影响安全速率的因素。

(2) 进一步复杂化系统模型,将传输时间分为能量收集和信息传输两个过程。考虑信息交换的两个用户各自能量受限且独立,建立两用户能量分割联合优化模型,以获得最大化系统安全速率。深入分析优化问题最优解的存在性,考虑优化求解的复杂性,提出一种迭代优化算法,交替优化两个用户的功率分割因子。仿真结果验证所提算法可达最大安全速率,且迭代算法具有较快的收敛性。

3.1.2 能量收集模式

能量收集技术可以在提高数据传输速率的基础上,节省能耗并提高设备的工作时间。将能量收集技术引入协作中继网络,依据中继节点对能量收集和信号转发过程中的差异,可把能量收集技术分为时间切换 (time switching, TS) 和功率分割 (power splitting, PS) 两种模式 [5]。下面将以图 2-1 所示的具有三个节点的半双工可信中继网络模型为例,不考虑源节点、目的节点之间的直传链路,分别对这两种能量收集模式进行介绍。

1. 时间切换模式

在时间切换模式中,中继节点在时间维度上处理源节点传过来的能量和信号。假设时间分割因子为 α,源节点传送能量和数据的总时间为 T。那么,中继节点先在 αT 时间段内从源节点进行能量的收集;当能量收集完成后,在剩余的 $(1-\alpha)T$ 的时间段内进行信号传输,即在 $\left(\alpha T, \dfrac{1+\alpha}{2}T\right)$ 时间段内,中继节点从源节点接收数据并进行处理;在 $\left(\dfrac{1+\alpha}{2}T, T\right)$ 时间段内,中继节点将接收到的信号经过放大

转发到目的节点 [6]。时间切换模式如图 3-1 所示。

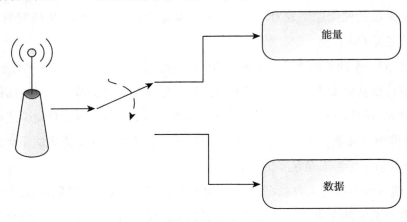

图 3-1　时间切换模式

2. 功率分割模式

在功率分割模式中,中继节点将源节点发送过来的信号一部分用来能量收集,另一部分作为数据信息。假设 ρ 为能量分割因子,源节点将 ρP_S 的功率用来发送能量信号给中继节点进行能量收集,将 $(1-\rho) P_S$ 的功率用来传送信息给中继节点,其中 P_S 表示总功率。能量分割因子 ρ 的取值决定了系统性能的好坏,且中继节点进行能量收集和信号转发均占用一半时间周期,功率分割模式如图 3-2 所示。

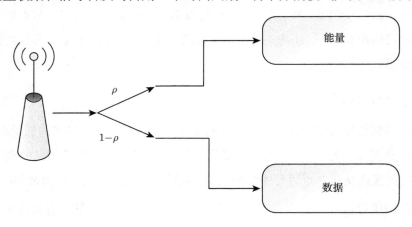

图 3-2　功率分割模式

本章主要采用功率分割的能量收集方式, 针对协作不可信中继网络通信模型, 考虑不可信中继节点可以从源节点和目的节点发送过来的信号中收集能量, 用于维持自身的长时间工作。在 3.3 节中也引入了时间切换的概念, 但对于切换的时间未做优化, 间接地等价于功率分割工作模式。

3.1.3　相关工作

能量收集作为一项新型的绿色通信技术, 该技术可应用于中继网络中。对于中继网络的能量收集技术, 中继节点从周围环境以及发送信号中采集能量。

文献 [7]~[11] 研究了中继系统中的能量收集。文献 [7] 将能量收集技术应用于半双工放大–转发中继网络模型, 该模型中源节点将信息通过一个可信中继节点经转发后发送给目的节点。该文献给出了通信模型在时间分割和功率分割两种模式下的中断概率和遍历容量表达式, 并分析了能量收集时间、功率分割比率、信息发送速率、源和中继节点的距离、噪声功率以及能量收集效率等参数对放大–转发中继网络进行能量收集的影响。文献 [8] 针对具有多个源节点和目的节点对的译码–转发中继网络模型, 可信的中继节点基于功率分割的方式进行能量收集, 然后将收集到的能量用于向目的节点转发信息。重点研究了如何将中继节点从源节点收集到的能量最优分配给各个目的节点的传输方式, 包括两种策略: 一种是采用非协作方式, 即将从第 i 个源节点收集到的能量用于向第 i 个目的节点转发信息; 另一种是采用集中式策略的功率分配方式, 即注水功率分配或基于拍卖的功率分配。文献 [9] 考虑了大规模网络中的能量收集技术, 该网络中有大规模的源节点和目的节点用户对以及多个中继节点。首先给出了基于功率分割的直传链路, 即不需要中继节点的通信链路中的中断概率和平均收集能量闭合表达式; 然后分析了需要选择随机数量中继节点协作传输信息的通信机制, 并指出中继密度和选择区域对中断概率和收集到的能量的影响。文献 [10] 分析了中继节点的位置对能量收集放大–转发中继模型的性能影响。针对只有一个源节点的情景, 基于随机几何理论, 分析了中继是否带有能量收集功能对中断概率和分集增益的影响; 针对具有多个源节点的情景, 将其抽象成联盟, 形成博弈模型, 基于效用函数提出两种分布式博弈理论算法。进一步, 文献 [11] 深入研究如何最大化能量收集并放大–转发中继网络的可达吞吐量。文献 [12] 研究了在有限的信噪比条件下, 最大化能量收集放大–转发中继模型中的吞吐量算法。该算法适用于离线情况,假设网络中源节点和中继之间的能量收集不具有因果关系。此外,在高信噪比条件下,利用拉格朗日乘子算法,得到了最优功率分配的特性。

现有文献大多考虑可信中继网络中的能量收集技术,本书将该技术扩展到不可信中继网络中,考虑中继节点是不可信的,可以窃听有用的信息;通过能量收集、协作干扰、功率分配等联合优化,在总发射功率受限的条件下,最大化利用中继节点收集的能量,提高系统安全速率。

3.2   具有能量收集不可信中继网络中两用户协作功率分配优化方案

本节研究的系统模型是在图 2-1 所示的中继网络模型的基础上,进一步假设不可信中继节点具有能量收集功能,中继节点可以从周围环境中收集能量并存储在自身的电池中,用于维持长时间的工作。在中继节点收集能量能力一定和总功率受限的前提下,优化源节点发送有用信号和目的节点发送协作干扰信号的功率分配,充分利用中继节点收集的能量,使系统安全速率最大化。

3.2.1   能量收集不可信中继网络通信模型 I

借鉴图 2-1 所示的中继网络模型,下面研究的系统模型是一个具有三个节点的能量收集不可信中继网络,三个节点均配置单天线,中继节点具备能量收集功能以保持其通信。源节点 S 发送有用信号,目的节点 D 发送协作干扰信号,采用 DAJ 方案防止有用信号被不可信中继节点 R 窃听。具有能量收集不可信中继网络中两用户协作通信模型 I 如图 3-3 所示。

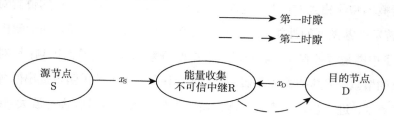

图 3-3   能量收集不可信中继网络中两用户协作通信模型 I

在第一个时隙,源节点 S 给不可信中继节点 R 发送有用消息信号 x_S,同时目的节点 D 给不可信中继节点 R 发送干扰信号 x_D。这里 x_S 和 x_D 被假设为单位功率,因此中继节点 R 接收到的信号可以表示为

$$y_R = \sqrt{P_S}h_{S\text{-}R}x_S + \sqrt{P_D}h_{D\text{-}R}x_D + n_R \tag{3-1}$$

其中,P_S 和 P_D 分别表示 S 和 D 的发射功率;$h_{S\text{-}R}$ 和 $h_{D\text{-}R}$ 分别为 S 到 R 和 D 到 R 的信道增益,服从均值为 0 和方差为 1 的复高斯分布,即 $h_{S\text{-}R}, h_{S\text{-}R} \sim \mathcal{CN}(0,1)$;$n_R$ 表示中继 R 处的复加性高斯白噪声 (additive white Gaussian noise, AWGN),均值为 0,方差为 N_0。假设 S 和 D 发射的总功率为 P,$\alpha \in [0,1]$ 表示功率分配因子,则 S 发射功率为 $P_S = \alpha P$,D 发射功率为 $P_D = (1-\alpha)P$。令 $\gamma_{S\text{-}R}$ 和 $\gamma_{D\text{-}R}$ 分别表示 S 到 R 和 D 到 R 的等效信噪比,其中,$\gamma_{S\text{-}R} = |h_{S\text{-}R}|^2 P/N_0$,$\gamma_{D\text{-}R} = |h_{D\text{-}R}|^2 P/N_0$,根据式 (3-1),中继节点 R 的可达速率可表示为

$$\begin{aligned}
R_R(\alpha) &= \log_2\left(1 + \frac{|h_{S\text{-}R}|^2 \alpha P}{|h_{D\text{-}R}|^2 (1-\alpha)P + N_0}\right) \\
&= \log_2\left(1 + \frac{\alpha\gamma_{S\text{-}R}N_0}{(1-\alpha)\gamma_{D\text{-}R}N_0}\right)
\end{aligned} \tag{3-2}$$

假设 η 为能量转化效率,则中继节点 R 在第一个时隙收集到的总能量为 $\eta|y_R|^2$。

在第二个时隙,中继节点 R 将接收到的信号放大 β 倍后转发给目的节点 D,则 R 发送的信号 z_R 可表示为

$$z_R = \beta\left(\sqrt{\alpha P}h_{S\text{-}R}x_S + \sqrt{(1-\alpha)P}h_{D\text{-}R}x_D + n_R\right) \tag{3-3}$$

为了保证长时间持续通信,中继节点 R 发送的信号能量应不大于其在第一个时隙收集到的信号总能量,即

$$|z_R|^2 \leqslant \eta|y_R|^2 \tag{3-4}$$

由于 $z_R = \beta y_R$,因此式 (3-4) 可进一步化简为

$$\beta^2 \leqslant \eta \tag{3-5}$$

目的节点 D 接收到的信号可表示为

$$y_D = \beta\sqrt{\alpha P}h_{S-R}x_S h_{R-B} + \beta\sqrt{(1-\alpha)P}h_{D-R}x_D h_{R-D} + \beta n_R h_{R-D} + n_D \tag{3-6}$$

其中，h_{R-D} 是从不可信中继节点 R 到目的节点 D 的信道增益，服从均值为 0 和方差为 1 的复高斯分布；n_D 是目的节点 D 处接收到的复加性高斯白噪声，均值为零，噪声方差也假设为 N_0。假设信道具有互易性 [13]，即 $h_{D-R}^* = h_{R-D}$。同时，假设 D 具有全局的、理想的信道状态信息 h_{R-D} 和 h_{D-R}，由于 x_D 是目的节点 D 在第一个时隙发送的信号，对于目的节点 D 来说是已知的信号，接收时可以采用自干扰消除技术消除这部分信号的影响，则式 (3-6) 中的第二项可以略去。

根据式 (3-6)，目的节点 D 的可达速率可以表示为

$$\begin{aligned}
R_D(\alpha) &= \log_2\left(1 + \frac{\beta^2\alpha P\,|h_{S-R}|^2\,|h_{D-R}|^2}{\beta^2 N_0\,|h_{D-R}|^2 + N_0}\right) \\
&= \log_2\left(1 + \frac{\beta^2\alpha\gamma_{S-R}\gamma_{D-R}N_0}{\beta^2\gamma_{D-R}N_0 + P}\right)
\end{aligned} \tag{3-7}$$

3.2.2　基于安全速率最大化的最优功率分配方案

为了使源节点 S 到目的节点 D 的信息传输速率最大化，同时考虑到放大–转发的安全问题，必须使得中继节点 R 接收到的通信速率尽量小，而转发到目的节点 D 的通信速率尽量大。因此，根据文献 [14]，系统的安全速率定义为

$$R(\alpha) = R_D(\alpha) - R_R(\alpha) \tag{3-8}$$

将式 (3-2) 和式 (3-7) 代入式 (3-8)，经整理可得

$$R(\alpha) = \log_2\left(\frac{A\alpha^2 + B\alpha + C}{D\alpha + E}\right) \tag{3-9}$$

其中，

$$A = -\beta^2\gamma_{S-R}\gamma_{D-R}^2 N_0^3$$

$$B = \beta^2\gamma_{S-R}\gamma_{D-R}^2 N_0^3 + \beta^2\gamma_{S-R}\gamma_{D-R}N_0^3 - \beta^2\gamma_{D-R}^2 N_0^3 - \gamma_{D-R}N_0^2 P$$

$$C = \beta^2\gamma_{D-R}^2 N_0^3 + \beta^2\gamma_{D-R}N_0^3 + \gamma_{D-R}N_0^2 P + PN_0^2$$

$$D = \beta^2 \gamma_{\text{S-R}} \gamma_{\text{D-R}} N_0^3 - \beta^2 \gamma_{\text{D-R}}^2 N_0^3 + \gamma_{\text{S-R}} N_0^2 P - \gamma_{\text{D-R}} N_0^2 P$$

$$E = \beta^2 \gamma_{\text{D-R}} N_0^3 + \gamma_{\text{D-R}} N_0^2 P + P N_0^2$$

目标是求出最优的功率分配因子 α_{opt}，从而使式 (3-9) 中系统的安全速率 $R(\alpha)$ 最大化。因此，最优化模型为

$$
\begin{aligned}
\alpha_{\text{opt}} &= \arg\max_{\alpha}\ R(\alpha) \\
\text{s.t.} \quad & \beta^2 \leqslant \eta \\
& \alpha \in [0, 1] \\
& \eta \in [0, 1]
\end{aligned}
\tag{3-10}
$$

分析式 (3-10) 所表示的优化模型，该优化模型把最大化安全速率 $R(\alpha)$ 作为优化目标，以放大–转发因子 β、能量转换效率 η 以及功率分配因子 α 的取值范围为约束条件，是一个多约束的优化问题。

根据放大–转发因子 β 与能量转换效率 η 的关系 $\beta^2 \leqslant \eta$，令 $\beta^2 = \eta$。又由于对数函数在定义域上是单调的，让对数函数取最大值和令其真数取最大值是等价的。因此，式 (3-10) 中的目标函数可以简化为

$$\tilde{R}(\alpha) = \frac{\tilde{A}\alpha^2 + \tilde{B}\alpha + \tilde{C}}{\tilde{D}\alpha + \tilde{E}} \tag{3-11}$$

其中，

$$\tilde{A} = -\eta\gamma_{\text{S-R}}\gamma_{\text{D-R}}^2 N_0^3$$

$$\tilde{B} = \eta\gamma_{\text{S-R}}\gamma_{\text{D-R}}^2 N_0^3 + \eta\gamma_{\text{S-R}}\gamma_{\text{D-R}} N_0^3 - \eta\gamma_{\text{D-R}}^2 N_0^3 - \gamma_{\text{D-R}} N_0^2 P$$

$$\tilde{C} = \eta\gamma_{\text{D-R}}^2 N_0^3 + \eta\gamma_{\text{D-R}} N_0^3 + \gamma_{\text{D-R}} N_0^2 P + P N_0^2$$

$$\tilde{D} = \eta\gamma_{\text{S-R}}\gamma_{\text{D-R}} N_0^3 - \eta\gamma_{\text{D-R}}^2 N_0^3 + \gamma_{\text{S-R}} N_0^2 P - \gamma_{\text{D-R}} N_0^2 P$$

$$\tilde{E} = \eta\gamma_{\text{D-R}} N_0^3 + \gamma_{\text{D-R}} N_0^2 P + P N_0^2$$

综上，式 (3-10) 中的优化模型可以进一步简化为

$$
\begin{aligned}
\alpha_{\text{opt}} &= \arg\max_{\alpha}\ \tilde{R}(\alpha) \\
\text{s.t.} \quad & \eta \in [0, 1] \\
& \alpha \in [0, 1]
\end{aligned}
\tag{3-12}
$$

因为 $\dfrac{\mathrm{d}^2 \tilde{R}(\alpha)}{\mathrm{d}\alpha^2} < 0$，所以 $\tilde{R}(\alpha)$ 是凸函数，有极大值，可以通过对 $\tilde{R}(\alpha)$ 求一阶导数得到使 $\tilde{R}(\alpha)$ 最大化的 α_{opt}。$\tilde{R}(\alpha)$ 的一阶导数 $\dfrac{\mathrm{d}\tilde{R}(\alpha)}{\mathrm{d}\alpha}$ 为

$$\frac{\mathrm{d}\tilde{R}(\alpha)}{\mathrm{d}\alpha} = \frac{2\tilde{A}\alpha}{\tilde{D}\alpha + \tilde{E}} - \frac{D(\tilde{A}\alpha^2 + \tilde{B}\alpha + \tilde{C})}{(\tilde{D}\alpha + \tilde{E})^2} \tag{3-13}$$

令 $\dfrac{\mathrm{d}\tilde{R}(\alpha)}{\mathrm{d}\alpha} = 0$，可以得到两个解，此时再根据式 (3-12) 中的约束条件，可以得到优化问题的解为

$$\alpha_{\mathrm{opt}} = \frac{\eta N_0 \gamma_{\mathrm{D\text{-}R}}^2 + \eta N_0 \gamma_{\mathrm{D\text{-}R}} - Q}{\gamma_{\mathrm{D\text{-}R}}^2 \eta N_0 - \gamma_{\mathrm{S\text{-}R}} \gamma_{\mathrm{D\text{-}R}} \eta N_0} \tag{3-14}$$

其中，$Q = \sqrt{\eta N_0(\gamma_{\mathrm{D\text{-}R}} + 1)(\gamma_{\mathrm{D\text{-}R}}P - \gamma_{\mathrm{S\text{-}R}}P + \gamma_{\mathrm{D\text{-}R}}^2 \eta N_0 + \gamma_{\mathrm{S\text{-}R}} \gamma_{\mathrm{D\text{-}R}}^2 \eta N_0)}$

3.2.3　仿真结果与分析

下面给出能量收集不可信中继网络的数值仿真结果，证明了所研究的功率分配方案的有效性。能量收集不可信中继网络系统的仿真参数赋值如下：总功率 $P = 1$，$N_0 = 0.025$。

图 3-4 展示了基于所提方案，系统的安全速率随不同的功率分配因子 α 和能量转换效率 η 的变化趋势。其中，假定源节点 S 和目的节点 D 到不可信中继节点 R 的等效信噪比分别为 $\gamma_{\mathrm{S\text{-}R}} = 40\mathrm{dB}$，$\gamma_{\mathrm{D\text{-}R}} = 30\mathrm{dB}$。由图 3-4 可知，在同样的功率分配因子 α 下，系统的安全速率 $R(\alpha)$ 随着能量转换效率的增大而增大。由于能量转换效率越大，中继节点 R 收集的能量越多，其用来在第二时隙向目的节点 D 发送信号的功率就越大，因此系统的安全速率就越大。在能量转换效率 η 一定的条件下，随着 α 的增大，安全速率先增大后减小。此外，当功率分配因子 α 增大到一定程度后，系统的安全速率变为负值，这是由于节点 D 发送的是协作干扰信号，当分配给干扰信号 x_{D} 的功率过小时，中继节点 R 就更容易窃听有用信号，进而导致中继节点 R 处的速率 $R_{\mathrm{R}}(\alpha)$ 增大，系统的安全速率 $R(\alpha)$ 就会变为负值。

表 3-1 给出了所提方案在不同的能量转换效率 η 下，由图 3-4 仿真得到的最优功率分配因子 α_{opt} 值和根据式 (3-14) 理论计算出的最优功率分配因子 α_{opt} 值的对比结果。由表 3-1 可以看出，由图 3-4 仿真得到的最优功率分配因子 α_{opt} 值和根据式 (3-14) 理论计算出的最优功率分配因子 α_{opt} 值几乎一致，两者之间的微小误差是由 Matlab 的仿真精度引起的。

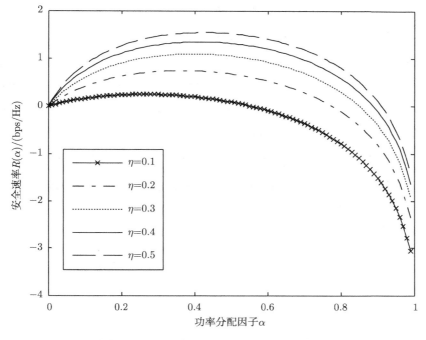

图 3-4 $R(\alpha)$ 随不同的 α 和 η 的变化趋势

表 3-1 不同 η 下的仿真 α_{opt} 值与理论 α_{opt} 值对比

η	理论 α_{opt} 值	仿真 α_{opt} 值
0.1	0.266	0.27
0.2	0.367	0.37
0.3	0.400	0.40
0.4	0.416	0.42
0.5	0.426	0.43

图 3-5 给出了 $R(\alpha)$ 随不同的 η 和 $\gamma_{\text{S-R}}$ 的变化趋势。从图中可知,当 $\gamma_{\text{S-R}}$ 给定时,系统的安全速率 $R(\alpha)$ 随着 η 的增加而增加。由于能量转换效率 η 越大,由射频能量信号转换成的电能就越多,源节点 S 和目的节点 D 的发射功率一定,而不可信的中继节点 R 发射功率增加,这样中继节点 R 处的速率近似不变,而目的节点 D 处的速率变大,因此随着能量转换效率的增大,系统的安全速率 $R(\alpha)$ 就越大。此外,图中安全速率有一段为负值,这是由于能量转换效率 η 过小的时候,

目的节点 D 处的速率 $R_D(\alpha)$ 小于不可信中继节点的速率 $R_R(\alpha)$，因此安全速率 $R(\alpha) = R_D(\alpha) - R_R(\alpha)$ 变为负值。在安全速率为负值的时候，随着源节点 S 到中继节点 R 之间的等效信噪比 $\gamma_{S\text{-}R}$ 的增加，安全速率 $R(\alpha)$ 反而越来越小。这是由于当 $R(\alpha) = R_D(\alpha) - R_R(\alpha) < 0$ 时，能量转换效率 η 过小，中继节点 R 此时没有足够的能量将收到的信号安全可靠地传送到目的节点 D，$\gamma_{S\text{-}R}$ 越大，$R_R(\alpha)$ 反而越大，这样随着 $\gamma_{S\text{-}R}$ 的增大，安全速率 $R_R(\alpha)$ 就会越来越小。当能量转换效率增大到使安全速率 $R_R(\alpha)$ 为正值的时候，$\gamma_{S\text{-}R}$ 增大，代表源节点 S 和中继节点 R 之间的信道质量较好，这时候中继节点 R 收集到的能量又足以把信号转发到目的节点 D，这样安全速率 $R(\alpha)$ 就会随着 $\gamma_{S\text{-}R}$ 的增加而增加。

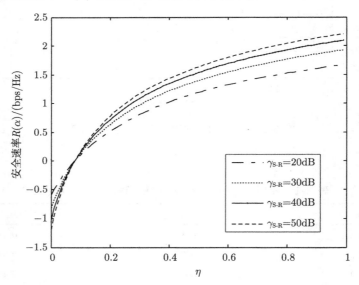

图 3-5　$R(\alpha)$ 随不同的 η 和 $\gamma_{S\text{-}R}$ 的变化趋势

图 3-6 给出了最优安全速率随不同的 $\gamma_{S\text{-}R}$ 的变化趋势。由图可知，最优安全速率 $R(\alpha_{opt})$ 随着 $\gamma_{S\text{-}R}$ 和 $\gamma_{D\text{-}R}$ 的增大而增大。当给定 $\gamma_{D\text{-}R}$ 时，安全速率 $R(\alpha_{opt})$ 开始随着 $\gamma_{S\text{-}R}$ 的增大而急速增加；当 $\gamma_{S\text{-}R}$ 达到30dB 以后，随着 $\gamma_{S\text{-}R}$ 的增大，$R(\alpha_{opt})$ 增大的趋势变缓。当信噪比达到一定条件时，仅靠提高信噪比对安全速率的提升是有限的。同理，在图 3-7 中，当给定 $\gamma_{S\text{-}R}$ 时，$R(\alpha_{opt})$ 的趋势与给定 $\gamma_{D\text{-}R}$ 时类似。

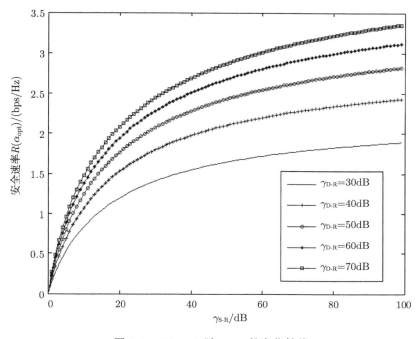

图 3-6　$R(\alpha_{\mathrm{opt}})$ 随 $\gamma_{\mathrm{S\text{-}R}}$ 的变化趋势

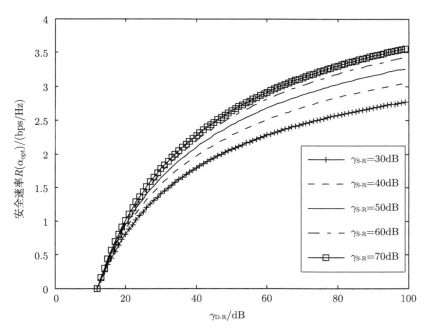

图 3-7　$R(\alpha_{\mathrm{opt}})$ 随 $\gamma_{\mathrm{D\text{-}R}}$ 的变化趋势

图 3-8 给出了最优功率分配因子 α_{opt} 随能量转换效率 η 的变化趋势。从图中可以看出，当给定 $\gamma_{\text{S-R}}$ 和 $\gamma_{\text{D-R}}$ 时，随着 η 的增加，功率分配因子 α 总体上是增加的。当 η 较低的时候，需要给源节点 S 分配更多的功率以迅速提升整个系统的安全速率 $R(\alpha)$；当 η 增加到一定程度时，中继节点收集的能量已经足够大了，功率分配因子 α 的增长开始变得缓慢。由此可见，当功率分配因子 α 近似达到最优值的时候，通过其他方式提高能量转换效率 η 对系统总的安全速率 $R(\alpha)$ 的提升贡献不大。当给定 η 和 $\gamma_{\text{D-R}}$ 时，最优功率分配因子 α_{opt} 随着源节点 S 到中继节点 R 的等效信噪比 $\gamma_{\text{S-R}}$ 的增加而增加。这是由于当 $\gamma_{\text{S-R}}$ 较低时，源节点 S 到中继节点 R 之间的信道质量较差，此时需要给源节点 S 分配更多的功率来发送信号才能保证通信的可靠进行。

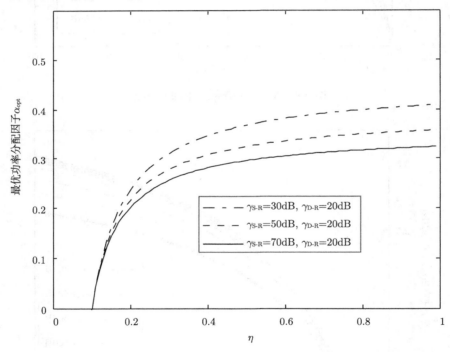

图 3-8   最优功率分配因子 α_{opt} 随能量转换效率 η 的变化趋势

为了增大能量收集中继网络的安全速率，本节提出了一种优化的功率分配方案。与传统方案相比，在中继节点收集的能量和总功率一定的条件下，本方案可以使安全速率最大化，保护有用信息免受窃听。仿真结果表明，随着功率分配因子的增加,安全速率先增加后减小。因此,存在一个最优的功率分配因子使安全速率最大化,并且仿真的最优功率分配因子与理论计算的一致。

3.3　具有能量收集不可信中继网络中两用户独立能量分割优化方案

相比 3.2 节,本节考虑一个更为复杂的具有能量收集不可信中继网络和通信模型,两用户都需要进行能量分割优化。在所提出的方案中,源节点和目的节点所拥有的能量被分成两部分,分别为用于中继节点的能量收集及有用信号与协作干扰信号的传输。本节提出了一个优化设计问题,通过联合优化对源节点和目的节点进行能量分配,实现可达安全速率的最大化。由于联合优化问题求解的复杂性较高,提出了一种近乎最优能量分配方案的迭代优化算法。

3.3.1　能量收集不可信中继网络通信模型 II

所使用的能量收集不可信中继网络通信模型 II 是具有三个节点的半双工单向中继网络,其原理框图如图 3-9 所示。该模型由一个源节点 S、一个中继节点 R 和一个目的节点 D 组成,所有的节点都配置单天线。由于长距离和阴影的衰落,源节点 S 和目的节点 D 之间无法直接通信。因此,源节点 S 和目的节点 D 只能通过中继节点 R 进行中继通信。中继节点 R 不仅能够放大-转发接收到的信号,还有可能窃听有用信息。基于源节点 S 和目的节点 D 协作传输信息的方式,采用目的节点协作干扰的工作模式,来克服由于不可信中继节点窃听而导致的信息泄露。

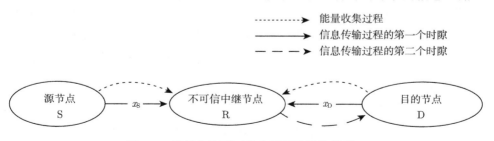

图 3-9　能量收集不可信中继网络通信模型 II

　　由于中继具有体积小的特点，中继节点携带能量受限，在没有外界能量提供的情况下，它自身的能量不足以支撑它完成长时间的信号中继转发。因此，引入时间分割因子 $\alpha \in [0, 1]$，将时长为 T 的传输过程划分为两个过程：能量收集 (energy harvesting, EH) 过程和信息传输 (information transmission, IT) 过程，即 $\alpha \in [0, 1]$ 表示能量收集过程占的时间比例。在这种设定下，能量收集过程需要的时间为 αT，源节点 S 和目的节点 D 将一部分能量传递给中继节点 R，而将剩余的时间 $(\alpha T, T)$ 等分成信息传输过程中的两个时隙。第一时隙为 $\left(\alpha T, \dfrac{1+\alpha}{2}T\right)$，S 发送有用信息给 R，同时，D 将协作干扰信号发送给 R；第二时隙为 $\left(\dfrac{1+\alpha}{2}T, T\right)$，R 将上一个时隙接收到的信号转发给 D。同时，假设 $\alpha = \dfrac{1}{3}$，但在推导过程中考虑可变的 α。

　　在本节中，中继节点 R 可以从 S 和 D 收集能量用于信息转发。需要说明的是，由于考虑时间因素，研究的是能量分割，而不是功率分配。令 E_S 和 E_D 分别表示 S 和 D 每次传输开始时的初始能量，简单地，假定 $E_S = E_D$。此外，$\beta \in [0, 1]$ 和 $\gamma \in [0, 1]$ 分别是 S 和 D 的能量分割因子。

　　在能量收集过程中，源节点 S 和目的节点 D 将一部分能量 βE_S 和 γE_D 辐射给不可信中继 R，用于 R 的能量收集。在信息传输过程中，为保证中继传输的安全性，设计了一个目的节点协作干扰方案，可以分两个时隙实现，其持续时间都为 $\dfrac{(1-\alpha)}{2}T$。

　　在信息传输过程的第一个时隙中，S 向 R 发送能量为 $(1-\beta)E_S$ 的有用信息 x_S，同时，D 将能量为 $(1-\gamma)E_D$ 的协作干扰信号 x_D 发送给 R。R 处的接收信号是来自 S 和 D 的上述两个信号的组合，足够功率的协作干扰信号 x_D 避免了不可信中继节点 R 对有用信息 x_S 的窃听。在信息传输过程的第二个时隙中，R 利用能量收集过程中收集到的能量，将第一个时隙接收到的信号放大并转发出去。基于自干扰消除技术 [15]，D 可以从接收信号中去除自身发送的协作干扰信号，并对有用信号进行解码。

　　在能量收集过程中，源节点 S 和目的节点 D 将一部分能量 βE_S 和 γE_D 辐射给不可信中继节点 R，用于其能量收集。因此，R 收集到的能量 E_R 为

$$E_{\mathrm{R}} = \eta \left(\beta E_{\mathrm{S}} \left| h_{\mathrm{S\text{-}R}} \right|^2 + \gamma E_{\mathrm{D}} \left| h_{\mathrm{D\text{-}R}} \right|^2 \right) \tag{3-15}$$

其中, $\eta \in [0,1]$ 是 R 收集到的能量的转换效率; $h_{\mathrm{S\text{-}R}}$ 和 $h_{\mathrm{D\text{-}R}}$ 分别是从 S 和 D 到 R 的信道增益。

在信息传输过程的第一个时隙中, 不可信中继节点 R 接收到的 S 和 D 发送的合成信号 y_{R} 可以表示为

$$
\begin{aligned}
y_{\mathrm{R}} &= \sqrt{P_{\mathrm{S}}} h_{\mathrm{S\text{-}R}} x_{\mathrm{S}} + \sqrt{P_{\mathrm{D}}} h_{\mathrm{D\text{-}R}} x_{\mathrm{D}} + n_{\mathrm{R}} \\
&= \sqrt{\dfrac{(1-\beta)E_{\mathrm{S}}}{\dfrac{1-\alpha}{2}T}} h_{\mathrm{S\text{-}R}} x_{\mathrm{S}} + \sqrt{\dfrac{(1-\gamma)E_{\mathrm{D}}}{\dfrac{1-\alpha}{2}T}} h_{\mathrm{D\text{-}R}} x_{\mathrm{D}} + n_{\mathrm{R}}
\end{aligned}
\tag{3-16}
$$

其中, 有用信息 x_{S} 和协作干扰信号 x_{D} 的功率为归一化的, 且相互独立; $n_{\mathrm{R}} \sim \mathcal{CN}(0, N_0)$ 表示 R 接收到的加性高斯噪声, 均值为 0, 噪声功率谱密度 (power spectrum density, PSD) 为 N_0; $P_{\mathrm{S}} = \dfrac{(1-\beta)E_{\mathrm{S}}}{\dfrac{1-\alpha}{2}T}$ 和 $P_{\mathrm{D}} = \dfrac{(1-\gamma)E_{\mathrm{D}}}{\dfrac{1-\alpha}{2}T}$ 分别表示 S 发送有用信息的功率和 D 发送协作干扰信息的功率。因此, 不可信中继节点 R 接收到的瞬时信干噪比可以表示为

$$
\begin{aligned}
\gamma_{\mathrm{R}} &= \dfrac{\dfrac{(1-\beta)E_{\mathrm{S}}}{\dfrac{1-\alpha}{2}T} \left| h_{\mathrm{S\text{-}R}} \right|^2}{\dfrac{(1-\gamma)E_{\mathrm{D}}}{\dfrac{1-\alpha}{2}T} \left| h_{\mathrm{D\text{-}R}} \right|^2 + N_0} \\
&= \dfrac{(1-\beta)\gamma_{\mathrm{S\text{-}R}}}{(1-\gamma)\gamma_{\mathrm{D\text{-}R}} + \dfrac{1-\alpha}{2}}
\end{aligned}
\tag{3-17}
$$

其中, $\gamma_{\mathrm{S\text{-}R}} = \dfrac{\left| h_{\mathrm{S\text{-}R}} \right|^2 E_{\mathrm{S}}}{N_0 T}$ 和 $\gamma_{\mathrm{D\text{-}R}} = \dfrac{\left| h_{\mathrm{D\text{-}R}} \right|^2 E_{\mathrm{D}}}{N_0 T}$ 分别是不可信中继节点 R 接收到有用信息和协作干扰的信噪比。

在信息传输过程的第二个时隙中, R 利用能量收集过程中收集的能量来放大接收信号并将其转发给 D。因此, D 接收到的信号 y_{D} 可以表示为

$$
\begin{aligned}
y_\mathrm{D} &= \sqrt{P_\mathrm{R}} h_\mathrm{R\text{-}D} \zeta y_\mathrm{R} + n_\mathrm{D} \\
&= \sqrt{P_\mathrm{R}} h_\mathrm{R\text{-}D} \zeta \sqrt{P_\mathrm{S}} h_\mathrm{S\text{-}R} x_\mathrm{S} + \sqrt{P_\mathrm{R}} h_\mathrm{R\text{-}D} \zeta \sqrt{P_\mathrm{D}} h_\mathrm{D\text{-}R} x_\mathrm{D} + \\
&\quad\ \sqrt{P_\mathrm{R}} h_\mathrm{R\text{-}D} \zeta n_\mathrm{R} + n_\mathrm{D}
\end{aligned}
\tag{3-18}
$$

其中，$P_\mathrm{R} = \dfrac{E_\mathrm{R}}{\dfrac{1-\alpha}{2} T} = \dfrac{\eta \left(\beta E_\mathrm{S} \left| h_\mathrm{S\text{-}R} \right|^2 + \gamma E_\mathrm{D} \left| h_\mathrm{D\text{-}R} \right|^2 \right)}{\dfrac{1-\alpha}{2} T}$ 表示不可信中继节点的发送

功率；$n_\mathrm{D} \sim \mathcal{CN}(0, N_0)$ 表示在 D 处的复加性高斯白噪声，均值为 0，噪声功率谱密度为 N_0；$h_\mathrm{R\text{-}D}$ 表示从 R 到 D 的信道增益，令 ζy_R 表示 R 处的归一化发送信号，其中功率归一化因子 ζ 定义为

$$
\zeta = \sqrt{\frac{P_\mathrm{R}}{P_\mathrm{S} \left| h_\mathrm{S\text{-}R} \right|^2 + P_\mathrm{D} \left| h_\mathrm{D\text{-}R} \right|^2 + N_0}}
\tag{3-19}
$$

需要注意的是，由信道满足互易定理可知，有 $h_\mathrm{R\text{-}D} = h_\mathrm{D\text{-}R}^*$ [13]。进一步，假设目的节点 D 具有全局的、理想的信道状态信息。在式 (3-18) 中，因为 x_D 是由 D 在前一个时隙发射的协作干扰信号，所以式 (3-18) 中的第二项 $\sqrt{P_\mathrm{R}} h_\mathrm{R\text{-}D} \zeta \sqrt{P_\mathrm{D}} h_\mathrm{D\text{-}R}$，可以用自干扰消除技术消除。因此，式 (3-18) 可以等效表示为

$$
y_\mathrm{D} = \sqrt{P_\mathrm{R}} h_\mathrm{R\text{-}D}^* \zeta \sqrt{P_\mathrm{S}} h_\mathrm{S\text{-}R} x_\mathrm{S} + \sqrt{P_\mathrm{R}} h_\mathrm{R\text{-}D}^* \zeta n_\mathrm{R} + n_\mathrm{D}
\tag{3-20}
$$

根据式 (3-20)，可得 D 处的瞬时 SINR 可以表示为

$$
\begin{aligned}
\gamma_\mathrm{D} &= \frac{P_\mathrm{R} \left| h_\mathrm{D\text{-}R} \right|^2 \zeta^2 P_\mathrm{S} \left| h_\mathrm{S\text{-}R} \right|^2}{P_\mathrm{R} \left| h_\mathrm{D\text{-}R} \right|^2 \zeta^2 N_0 + N_0} \\
&= \frac{\dfrac{2}{1-\alpha} (\beta \gamma_\mathrm{S\text{-}R} + \gamma \gamma_\mathrm{D\text{-}R}) \eta \gamma_\mathrm{D\text{-}R} (1-\beta) \gamma_\mathrm{S\text{-}R}}{(\beta \gamma_\mathrm{S\text{-}R} + \gamma \gamma_\mathrm{D\text{-}R}) \eta \gamma_\mathrm{D\text{-}R} + \dfrac{1}{N_0} \left[(1-\beta) \gamma_\mathrm{S\text{-}R} + (1-\gamma) \gamma_\mathrm{D\text{-}R} + \dfrac{1-\alpha}{2} \right]}
\end{aligned}
\tag{3-21}
$$

3.3.2　最优能量分配优化问题建模及分析

1. 优化问题建模

根据文献 [14] 中对安全速率的定义，该系统总安全速率被定义为目的节点瞬

时速率和中继节点的瞬时速率之差。因此，系统总安全速率可表示为

$$
\begin{aligned}
R(\beta, \gamma) &= \frac{1-\alpha}{2} \left[R_{\mathrm{D}}(\beta, \gamma) - R_{\mathrm{R}}(\beta, \gamma) \right]^+ \\
&= \frac{1-\alpha}{2} \left[\log_2 \left(1 + \gamma_{\mathrm{D}} \right) - \log_2 \left(1 + \gamma_{\mathrm{R}} \right) \right]^+
\end{aligned}
\tag{3-22}
$$

其中，$[\cdot]^+ = \max(0, \cdot)$。当 $R(\beta, \gamma) < 0$ 时，没有实际研究的意义。因此，在 $\gamma_{\mathrm{D}} < \gamma_{\mathrm{R}}$ 的情况下，安全速率被设定为 0。式 (3-22) 中的系数为 $\dfrac{1-\alpha}{2}$，是由于从 S 到 D 的传输相当于持续时间为 $\dfrac{1-\alpha}{2}T$ 的传输。

基于上述分析，可通过求出最优的能量分割因子 β_{opt} 和 γ_{opt} 使式 (3-22) 中的安全速率最大化。因此，数学最优化模型为

$$
\{\beta_{\mathrm{opt}}, \gamma_{\mathrm{opt}}\} = \arg \max_{\beta, \gamma} R(\beta, \gamma)
\tag{3-23}
$$

$$
\text{s.t.} : \beta \in [0, 1]
\tag{3-23a}
$$

$$
\gamma \in [0, 1]
\tag{3-23b}
$$

2. 最大安全速率的存在性分析

通过将式 (3-17) 和式 (3-21) 代入式 (3-22)，安全速率可以表示为

$$
\begin{aligned}
&R(\beta, \gamma) \\
&= \frac{1-\alpha}{2} \left[\log_2 \left(\frac{1 + \dfrac{\dfrac{2}{1-\alpha}(\beta \gamma_{\mathrm{S\text{-}R}} + \gamma \gamma_{\mathrm{D\text{-}R}}) \eta \gamma_{\mathrm{D\text{-}R}}(1-\beta)\gamma_{\mathrm{S\text{-}R}}}{(\beta \gamma_{\mathrm{S\text{-}R}} + \gamma \gamma_{\mathrm{D\text{-}R}}) \eta \gamma_{\mathrm{D\text{-}R}} + \dfrac{1}{N_0}\left[(1-\beta)\gamma_{\mathrm{S\text{-}R}} + (1-\gamma)\gamma_{\mathrm{D\text{-}R}} + \dfrac{1-\alpha}{2}\right]}}{1 + \dfrac{(1-\beta)\gamma_{\mathrm{S\text{-}R}}}{(1-\gamma)\gamma_{\mathrm{D\text{-}R}} + \dfrac{1-\alpha}{2}}} \right) \right]^+ \\
&= \frac{1}{3} \left[\log_2 \left(\frac{1 + \dfrac{3(\beta \gamma_{\mathrm{S\text{-}R}} + \gamma \gamma_{\mathrm{D\text{-}R}}) \eta \gamma_{\mathrm{D\text{-}R}}(1-\beta)\gamma_{\mathrm{S\text{-}R}}}{(\beta \gamma_{\mathrm{S\text{-}R}} + \gamma \gamma_{\mathrm{D\text{-}R}}) \eta \gamma_{\mathrm{D\text{-}R}} + \dfrac{1}{N_0}\left[(1-\beta)\gamma_{\mathrm{S\text{-}R}} + (1-\gamma)\gamma_{\mathrm{D\text{-}R}} + \dfrac{1}{3}\right]}}{1 + \dfrac{(1-\beta)\gamma_{\mathrm{S\text{-}R}}}{(1-\gamma)\gamma_{\mathrm{D\text{-}R}} + \dfrac{1}{3}}} \right) \right]^+_{\alpha = \frac{1}{3}}
\end{aligned}
\tag{3-24}
$$

由于对数函数是单调函数，因此最大化 $R(\beta, \gamma)$ 等价于最大化

$$\tilde{R}(\beta, \gamma) = \left[\cfrac{1 + \cfrac{3(\beta\gamma_{\text{S-R}} + \gamma\gamma_{\text{D-R}})\eta\gamma_{\text{D-R}}(1-\beta)\gamma_{\text{S-R}}}{(\beta\gamma_{\text{S-R}} + \gamma\gamma_{\text{D-R}})\eta\gamma_{\text{D-R}} + \cfrac{1}{N_0}[(1-\beta)\gamma_{\text{S-R}} + (1-\gamma)\gamma_{\text{D-R}} + \cfrac{1}{3}]}}{1 + \cfrac{(1-\beta)\gamma_{\text{S-R}}}{(1-\gamma)\gamma_{\text{D-R}} + \cfrac{1}{3}}} \right]^{+}_{\alpha = \frac{1}{3}}$$

$$(3\text{-}25)$$

在式 (3-25) 中，$\tilde{R}(\beta, \gamma)$ 是 β 和 γ 的复杂函数。首先分析 $\tilde{R}(\beta, \gamma)$ 的最大值的存在性：

(1) $\tilde{R}(\beta, \gamma)$ 的分子和分母在闭区间 $[0,1]$ 上是关于 β, γ 的连续函数，且由式 (3-19) 中 γ_{D} 和 γ_{R} 的实际意义可知，$\tilde{R}(\beta, \gamma)$ 的分子和分母都大于 0，因此 $\tilde{R}(\beta, \gamma)$ 在闭区间 $[0,1]$ 上也是连续函数 [16]。

(2) 若函数 $f(x)$ 在闭区间 $[a,b]$ 上连续，则 $f(x)$ 在 $[a,b]$ 上必有最大值和最小值 [16]。

基于以上分析，函数 $\tilde{R}(\beta, \gamma)$ 在区间 $[0,1]$ 上一定存在最大值，换句话说，可以找到最优的 β_{opt} 和 γ_{opt} 使得 $R(\beta, \gamma)$ 最大。

3.3.3　获得最大安全速率和最优能量分割的迭代算法

虽然式 (3-23) 中的目标函数是连续的，且在闭区间内具有最大值，但通过直接数学计算找到最优的 β_{opt} 和 γ_{opt} 来使 $R(\beta, \gamma)$ 最大，仍然是非常复杂的。现提出了一种迭代方法来解决式 (3-23) 中的最优化问题。每次迭代时，先固定 γ，求解 β 的优化值；然后利用优化后的 β，再优化 γ。经过有限次的迭代后，β 和 γ 值将会逐渐逼近最优值 β_{opt} 和 γ_{opt}。令 β_i 和 γ_i 分别表示第 i 次迭代中的优化的 β 和 γ。

1. 给定 γ，求解 β 的优化值

在第 i 次迭代中，利用上一次迭代的结果 γ_{i-1}，可以优化 β，得到其最优值 β_i。因为 $R(\beta, \gamma)$ 是 β 的二次连续函数，所以可以采用偏导数法得到 β 的最优值。因此，通过求解 $\dfrac{\partial \tilde{R}(\beta, \gamma_{i-1})}{\partial \beta} = 0$，可以得到两个根，$\tilde{\beta}_{ia}$ 和 $\tilde{\beta}_{ib}$。不失一般性，假设 $\tilde{\beta}_{ia} \leqslant \tilde{\beta}_{ib}$，考虑到式 (3-23a) 中对 β 的约束，下面用 $\tilde{\beta}_{ia}$ 和 $\tilde{\beta}_{ib}$ 分析 β_i 的取值

情况。

(1) 当 $\tilde{\beta}_{ia}$ 和 $\tilde{\beta}_{ib}$ 中只有一个在 $[0, 1]$ 上时, 即 $0 \leqslant \tilde{\beta}_{ia} \leqslant 1$ 且 $\tilde{\beta}_{ib} \notin [0, 1]$ 时, $\beta_i = \tilde{\beta}_{ia}$; $0 \leqslant \tilde{\beta}_{ib} \leqslant 1$ 且 $\tilde{\beta}_{ia} \notin [0, 1]$ 时, $\beta_i = \tilde{\beta}_{ib}$。

(2) 当 $\tilde{\beta}_{ia}$ 和 $\tilde{\beta}_{ib}$ 都在 $[0, 1]$ 上时, 即 $0 \leqslant \tilde{\beta}_{ia} \leqslant \tilde{\beta}_{ib} \leqslant 1$, 令 $\beta_i = \tilde{\beta}_{ia}$, 可以确保更多的能量用于有用信息的传输。

(3) 当 $\tilde{\beta}_{ia}$ 和 $\tilde{\beta}_{ib}$ 中都不在 $[0, 1]$ 上时,

① $\tilde{\beta}_{ia}$ 和 $\tilde{\beta}_{ib}$ 中至少有一个小于 0, 令 $\beta_i = 0$。这是由于当 $\gamma_{\text{S-R}} \ll \gamma_{\text{D-R}}$, 且 $\gamma_{\text{D-R}}$ 很小时, 源节点 S 把全部能量用作信息传输, 中继节点 R 收集的能量都是从目的节点 D 得到的。

② $\tilde{\beta}_{ia}$ 和 $\tilde{\beta}_{ib}$ 全部都大于 1, 不符合实际情况。如果这种情况存在, 源节点把全部能量用于能量转移, 没有能量进行信息的传输, 此时, 系统的安全速率为 0。因此, 这种情况是不可行的。最后, $\dfrac{\partial \tilde{R}(\beta, \gamma_{i-1})}{\partial \beta} = 0$ 可以简化为

$$\frac{\partial \tilde{R}(\beta, \gamma_{i-1})}{\partial \beta} = g_2 \beta^2 + g_1 \beta + g_0 = 0 \tag{3-26}$$

其中,

$$\begin{aligned}
g_2 &= \gamma_{\text{S-R}}^2 (6 N_0 \eta \gamma_{\text{D-R}}^2 - 3 N_0^2 \eta^2 \gamma_{\text{D-R}}^3 + 3 N_0^2 \eta^2 \gamma_{i-1} \gamma_{\text{D-R}}^3 \\
&\quad - 3 N_0 \eta \gamma_{i-1} \gamma_{\text{D-R}}^2 + 3 N_0 \eta \gamma_{\text{S-R}} \gamma_{\text{D-R}} + 1) \\
g_1 &= 2 \gamma_{\text{S-R}} (9 N_0^2 \eta^2 \gamma_{i-1}^2 \gamma_{\text{D-R}}^4 - 9 N_0^2 \eta^2 \gamma_{i-1} \gamma_{\text{D-R}}^4 - 9 N_0 \eta \gamma_{i-1}^2 \gamma_{\text{D-R}}^3 \\
&\quad + 18 N_0 \eta \gamma_{i-1} \gamma_{\text{D-R}}^3 - 9 N_0 \eta \gamma_{\text{D-R}}^3 + 9 N_0 \eta \gamma_{i-1} \gamma_{\text{S-R}} \gamma_{\text{D-R}}^2 \\
&\quad - 18 N_0 \eta \gamma_{\text{S-R}} \gamma_{\text{D-R}}^2 - 3 N_0 \eta \gamma_{\text{D-R}}^2 - 9 N_0 \eta \gamma_{\text{S-R}}^2 \gamma_{\text{D-R}} - 3 N_0 \eta \gamma_{\text{S-R}} \gamma_{\text{D-R}} \\
&\quad + 3 \gamma_{i-1} \gamma_{\text{D-R}} - 3 \gamma_{\text{D-R}} - 3 \gamma_{\text{S-R}} - 1) / 3 \\
g_0 &= (27 N_0^2 \eta^2 \gamma_{i-1} \gamma_{\text{D-R}}^5 - 27 N_0^2 \eta^2 \gamma_{i-1}^2 \gamma_{\text{D-R}}^5 - 27 N_0 \eta \gamma_{i-1}^3 \gamma_{\text{D-R}}^4 \\
&\quad + 54 N_0 \eta \gamma_{i-1}^2 \gamma_{\text{D-R}}^4 - 27 N_0 \eta \gamma_{i-1} \gamma_{\text{D-R}}^4 + 27 N_0 \eta \gamma_{i-1}^2 \gamma_{\text{S-R}} \gamma_{\text{D-R}}^3 \\
&\quad - 54 N_0 \eta \gamma_{i-1} \gamma_{\text{S-R}} \gamma_{\text{D-R}}^3 + 27 N_0 \eta \gamma_{\text{S-R}} \gamma_{\text{D-R}}^3 - 27 N_0 \eta \gamma_{i-1} \gamma_{\text{S-R}}^2 \gamma_{\text{D-R}}^2 \\
&\quad + 3 N_0 \eta \gamma_{i-1} \gamma_{\text{D-R}}^2 + 54 N_0 \eta \gamma_{\text{S-R}}^2 \gamma_{\text{D-R}}^2 + 18 N_0 \eta \gamma_{\text{S-R}} \gamma_{\text{D-R}}^2 \\
&\quad + 27 N_0 \eta \gamma_{\text{S-R}}^3 \gamma_{\text{D-R}} + 18 N_0 \eta \gamma_{\text{S-R}}^2 \gamma_{\text{D-R}} + 3 N_0 \eta \gamma_{\text{S-R}} \gamma_{\text{D-R}} \\
&\quad + 9 \gamma_{i-1}^2 \gamma_{\text{D-R}}^2 - 18 \gamma_{i-1} \gamma_{\text{D-R}}^2 + 9 \gamma_{\text{D-R}}^2 - 18 \gamma_{i-1} \gamma_{\text{S-R}} \gamma_{\text{D-R}} \\
&\quad - 6 \gamma_{i-1} \gamma_{\text{D-R}} + 18 \gamma_{\text{S-R}} \gamma_{\text{D-R}} + 6 \gamma_{\text{D-R}} + 9 \gamma_{\text{S-R}}^2 + 6 \gamma_{\text{S-R}} + 1) / 9
\end{aligned} \tag{3-27}$$

2. 给定 β，求解 γ 的优化值

在得到 β 的最优值 β_i 后，对 γ 进行优化，以获得最优值 γ_i。类似于 β 的优化，可以通过求解 $\dfrac{\partial \tilde{R}(\beta_i, \gamma)}{\partial \gamma} = 0$ 得到两个根 $\tilde{\gamma}_{ia}$ 和 $\tilde{\gamma}_{ib}$。为了易于分析，仍假设 $\tilde{\gamma}_{ia} \leqslant \tilde{\gamma}_{ib}$，基于式 (3-23b) 对 γ 的约束，下面用 $\tilde{\gamma}_{ia}$ 和 $\tilde{\gamma}_{ib}$ 分析一下 γ_i 的取值情况：

(1) 当 $\tilde{\gamma}_{ia}$ 和 $\tilde{\gamma}_{ib}$ 中只有一个在 $[0,1]$ 上时，即 $0 \leqslant \tilde{\gamma}_{ia} \leqslant 1$ 且 $\tilde{\gamma}_{ib} \notin [0,1]$ 时，$\gamma_i = \tilde{\gamma}_{ia}$；当 $0 \leqslant \tilde{\gamma}_{ib} \leqslant 1$ 且 $\tilde{\gamma}_{ia} \notin [0,1]$ 时，$\gamma_i = \tilde{\gamma}_{ib}$。

(2) 当 $\tilde{\gamma}_{ia}$ 和 $\tilde{\gamma}_{ib}$ 都在 $[0,1]$ 上时，即 $0 \leqslant \gamma_{ia} \leqslant \gamma_{ib} \leqslant 1$，$\gamma_i = \tilde{\gamma}_{ia}$，确保更多的能量用于发送协作干扰信号，提高系统的安全速率。

(3) 当 $\tilde{\gamma}_{ia}$ 和 $\tilde{\gamma}_{ib}$ 中都不在 $[0,1]$ 上时，

① $\tilde{\gamma}_{ia}$ 和 $\tilde{\gamma}_{ib}$ 中至少有一个小于 0，令 $\gamma_i = 0$。这是由于当 $\gamma_{\text{D-R}} \ll \gamma_{\text{S-R}}$，且 $\gamma_{\text{D-R}}$ 很小时，目的节点 D 把全部能量用作发送协作干扰信号，中继节点 R 收集的能量都是从源节点 S 得到的。

② $\tilde{\gamma}_{ia}$ 和 $\tilde{\gamma}_{ib}$ 全部都大于 1，不符合实际情况。如果存在这种情况，目的节点就把全部能量用于能量转移，没有能量发送协作干扰信号，此时，中继节点 R 可以窃听到有用信息，整个通信系统丧失了安全性。表达式 $\dfrac{\partial \tilde{R}(\beta_i, \gamma)}{\partial \gamma} = 0$ 可以化简为

$$k_2 \gamma^2 + k_1 \gamma + k_0 = 0 \tag{3-28}$$

其中，

$$
\begin{aligned}
k_2 = {}& -\gamma_{\text{D-R}}^2 (3N_0 \eta \gamma_{\text{D-R}} - N_0^2 \eta^2 \gamma_{\text{D-R}}^2 + 3N_0 \eta \gamma_{\text{D-R}}^2 - 3N_0^2 \eta^2 \gamma_{\text{S-R}} \gamma_{\text{D-R}}^2 \\
& + 6N_0 \eta \gamma_{\text{S-R}} \gamma_{\text{D-R}} - 3N_0 \beta_i \eta \gamma_{\text{S-R}} \gamma_{\text{D-R}} + 3N_0^2 \beta_i \eta^2 \gamma_{\text{S-R}} \gamma_{\text{D-R}}^2 - 1) \\
k_1 = {}& -2\gamma_{\text{D-R}} (9N_0^2 \beta_i^2 \eta^2 \gamma_{\text{S-R}}^2 \gamma_{\text{D-R}}^2 - 9N_0^2 \beta_i \eta^2 \gamma_{\text{S-R}}^2 \gamma_{\text{D-R}}^2 - 3N_0^2 \beta_i \eta^2 \gamma_{\text{S-R}} \gamma_{\text{D-R}}^2 \\
& - 9N_0 \beta_i^2 \eta \gamma_{\text{S-R}}^2 \gamma_{\text{D-R}} + 9N_0 \beta_i \eta \gamma_{\text{S-R}} \gamma_{\text{D-R}}^2 + 18N_0 \beta_i \eta \gamma_{\text{S-R}}^2 \gamma_{\text{D-R}} \\
& + 9N_0 \beta_i \eta \gamma_{\text{S-R}} \gamma_{\text{D-R}} - 9N_0 \eta \gamma_{\text{D-R}}^3 - 18N_0 \eta \gamma_{\text{S-R}} \gamma_{\text{D-R}}^2 - 9N_0 \eta \gamma_{\text{D-R}}^2 \\
& - 9N_0 \eta \gamma_{\text{S-R}}^2 \gamma_{\text{D-R}} - 9N_0 \eta \gamma_{\text{S-R}} \gamma_{\text{D-R}} - 2N_0 \eta \gamma_{\text{D-R}} - 3\beta_i \gamma_{\text{S-R}} \\
& + 3\gamma_{\text{D-R}} + 3\gamma_{\text{S-R}} + 1)/3
\end{aligned}
$$

$$
\begin{aligned}
k_0 = &-(27N_0^2\beta_i^3\eta^2\gamma_{\text{S-R}}^3\gamma_{\text{D-R}}^2 - 27N_0^2\beta_i^2\eta^2\gamma_{\text{S-R}}^3\gamma_{\text{D-R}}^2 - 9N_0^2\beta_i^2\eta^2\gamma_{\text{S-R}}^2\gamma_{\text{D-R}}^2 \\
&- 27N_0\beta_i^3\eta\gamma_{\text{S-R}}^3\gamma_{\text{D-R}} + 27N_0\beta_i^2\eta\gamma_{\text{S-R}}^2\gamma_{\text{D-R}}^2 + 54N_0\beta_i^2\eta\gamma_{\text{S-R}}^3\gamma_{\text{D-R}} \\
&+ 27N_0\beta_i^2\eta\gamma_{\text{S-R}}^2\gamma_{\text{D-R}} - 27N_0\beta_i\eta\gamma_{\text{S-R}}\gamma_{\text{D-R}}^3 - 54N_0\beta_i\eta\gamma_{\text{S-R}}^2\gamma_{\text{D-R}}^2 \\
&- 36N_0\beta_i\eta\gamma_{\text{S-R}}\gamma_{\text{D-R}}^2 - 27N_0\beta_i\eta\gamma_{\text{S-R}}^3\gamma_{\text{D-R}} - 36N_0\beta_i\eta\gamma_{\text{S-R}}^2\gamma_{\text{D-R}} \\
&- 9N_0\beta_i\eta\gamma_{\text{S-R}}\gamma_{\text{D-R}} + 27N_0\eta\gamma_{\text{D-R}}^4 + 54N_0\eta\gamma_{\text{S-R}}\gamma_{\text{D-R}}^3 + 27N_0\eta\gamma_{\text{D-R}}^3 \\
&+ 27N_0\eta\gamma_{\text{S-R}}^2\gamma_{\text{D-R}}^2 + 36N_0\eta\gamma_{\text{S-R}}\gamma_{\text{D-R}}^2 + 9N_0\eta\gamma_{\text{D-R}}^2 + 9N_0\eta\gamma_{\text{S-R}}^2\gamma_{\text{D-R}} \\
&+ 6N_0\eta\gamma_{\text{S-R}}\gamma_{\text{D-R}} + N_0\eta\gamma_{\text{D-R}} - 9\beta_i^2\gamma_{\text{S-R}}^2 + 18\beta_i\gamma_{\text{S-R}}\gamma_{\text{D-R}} + 18\beta_i\gamma_{\text{S-R}}^2 \\
&+ 6\beta_i\gamma_{\text{S-R}} - 9\gamma_{\text{D-R}}^2 - 18\gamma_{\text{S-R}}\gamma_{\text{D-R}} - 6\gamma_{\text{D-R}} - 9\gamma_{\text{S-R}}^2 - 6\gamma_{\text{S-R}} - 1)/9
\end{aligned}
\tag{3-29}
$$

3. 迭代算法

设置迭代优化的初始条件时，为公平起见，设定初值 $\gamma_0 = 0.5$。经过有限次的迭代后，β_i 和 γ_i 值将会逐渐逼近最优值。在所提出的算法中，采用两个连续优化的 γ_i 的差值来进行迭代结束的判定。在这个规则下，如果 $|\gamma_i - \gamma_{i-1}| < \xi$（其中，$\xi$ 为一小正数，决定迭代优化结果的精度，通常设置为 10^{-3}），提前结束迭代；否则，迭代继续进行，直到迭代次数达到给定数 N（对于大多数情况，$N=10$）。算法 3-1 总结了式 (3-23) 中求解优化问题的具体迭代算法的伪代码。

算法 3-1 源节点和目的节点的能量分割因子的联合优化

1. 初始化目的节点的能量分割因子为 $\gamma_0 = 0.5$；i 表示迭代次数，$i = 1, \cdots, N$，N 是最大迭代次数，通常可设置为 $N= 10$；

2. 计算源节点和目的节点的最优能量分割因子 β_{opt} 和 γ_{opt}；

    for $i = 1 : N$ **do**

        利用上次迭代的结果 γ_{i-1}，根据式 (3-27) 计算 g_2, g_1, g_0

        $\tilde{\beta}_{ia}, \tilde{\beta}_{ib} \leftarrow \text{Roots}\left\{g_2\beta^2 + g_1\beta + g_0 = 0\right\} (\tilde{\beta}_{ia} \leqslant \tilde{\beta}_{ib})$

        if $0 \leqslant \beta_{ia} \leqslant 1$ **then**

            $\beta_i \leftarrow \tilde{\beta}_{ia}$

        else if $0 \leqslant \tilde{\beta}_{ib} \leqslant 1$ **then**

            $\beta_i \leftarrow \tilde{\beta}_{ib}$

        else

$$\beta_i \leftarrow 0$$

end if

利用 β_i，根据式 (3-29) 计算 k_2, k_1, k_0

$$\tilde{\gamma}_{ia}, \tilde{\gamma}_{ib} \leftarrow \text{Roots}\left\{k_2\gamma^2 + k_1\gamma + k_0 = 0\right\} (\tilde{\gamma}_{ia} \leqslant \tilde{\gamma}_{ib})$$

if $0 \leqslant \tilde{\gamma}_{ia} \leqslant 1$ **then**

$$\gamma_i \leftarrow \tilde{\gamma}_{ia}$$

else if $0 \leqslant \tilde{\gamma}_{ib} \leqslant 1$ **then**

$$\gamma_i \leftarrow \tilde{\gamma}_{ib}$$

else

$$\gamma_i \leftarrow 0$$

end if

if $|\gamma_i - \gamma_{i-1}| < \xi$ **then**

　　Break;

end if

end for

$$\beta_{\text{opt}} \leftarrow \beta_i$$

$$\gamma_{\text{opt}} \leftarrow \gamma_i$$

4. 收敛分析

从 3.3.2 小节可以看出，必定存在 $\tilde{R}(\beta, \gamma)$ 的最大值和相应的最优的 β 和 γ。此外，经过一些简单的数学计算，式 (3-25) 的分子和分母都是 β 或 γ 的二次函数。这两个条件都能保证算法 3-1 的快速收敛，将在 3.3.4 小节验证这个结论。

3.3.4　仿真结果与分析

在本小节中，对所提出的基于最优能量分割的安全速率性能优化算法进行数值模拟。在仿真中，设置噪声方差为 $N_0 = 0.025$，中继收集到的能量的转换效率为 $\eta = 0.5$。

图 3-10 显示了当 $\gamma_{\text{S-R}} = 60\text{dB}$, $\gamma_{\text{D-R}} = 30\text{dB}$ 时，在不同的源节点能量分割因子 β 和目的节点干扰能量分割因子 γ 下，系统可达到的安全速率。可以发现，当

$\beta = 0.730, \gamma = 0.430$ 时，安全速率 $R(\beta, \gamma)$ 取得最大值 1.1204bps/Hz。利用算法 3-1 得到的 β 和 γ 的最优值为 $\beta_{\mathrm{opt}} = 0.7214, \gamma_{\mathrm{opt}} = 0.4247$，对应的安全速率 $R(\beta, \gamma)$ 最大值为 1.1205bps/Hz。在本次仿真中，参数 β 和 γ 的仿真步长为 0.01，理论优化的结果与基于仿真搜索的结果十分接近，证明了所提优化算法的准确性。还可以发现，给定 γ (或 β) 的可达到的安全速率有一个最大值和一个相应的最优的 β (或 γ)，这证明了 3.3.3 小节中最优的 β(或 γ) 的存在性。

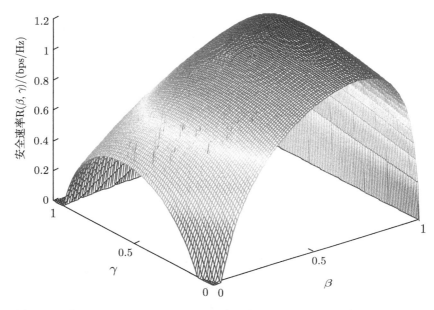

图 3-10 当 $\gamma_{\text{S-R}}$=60dB, $\gamma_{\text{D-R}}$=30dB 时，不同 β 和 γ 下的安全速率 $R(\beta, \gamma)$

图 3-11 显示了当 $\gamma_{\text{S-R}} = 60\text{dB}$，$\gamma_{\text{D-R}} = 30\text{dB}$ 时，所提出的迭代算法的收敛性。从图 3-11 中可以看出，源节点能量分割因子 β 和目的节点能量分割因子 γ 在迭代 3~4 次后迅速收敛到最优值。因此，安全速率 $R(\beta, \gamma)$ 也快速收敛，这是由于 $R(\beta, \gamma)$ 是关于 β 和 γ 的二次函数的特性带来的有益效果。

图 3-12 展示了在不同的信道条件下，系统可达最大安全速率 $R(\beta, \gamma)$ 随 $\gamma_{\text{S-R}}$ 和 $\gamma_{\text{D-R}}$ 变化的情况。当 $\gamma_{\text{S-R}}$ 和 $\gamma_{\text{D-R}}$ 有一个增大时，安全速率 $R(\beta, \gamma)$ 都会随着增大。给定 $\gamma_{\text{D-R}}$，随着 $\gamma_{\text{S-R}}$ 的增加，当 $\gamma_{\text{S-R}}$ 较小时，安全速率快速地增大；而当 $\gamma_{\text{S-R}}$ 较大时，安全速率缓慢地增大。这是由于在源节点到中继节点信道条件

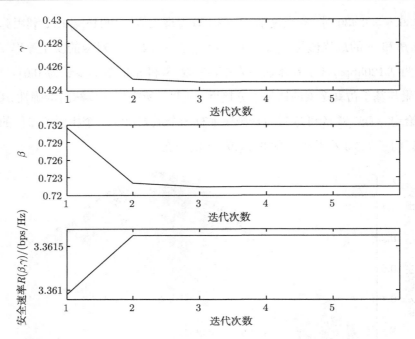

图 3-11 迭代算法 3-1 的收敛性能

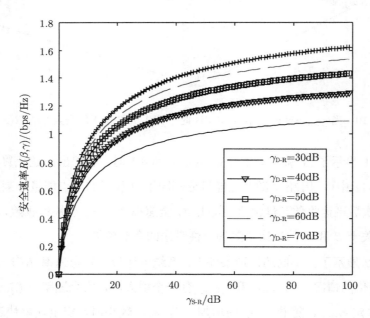

图 3-12 不同 $\gamma_{\text{S-R}}$ 和 $\gamma_{\text{D-R}}$ 下的安全速率 $R(\beta, \gamma)$

比目的节点到中继节点信道条件好的时候，D 具有较弱的协作干扰能力，因此，S 只能分配较少的能量发送有用信息，以确保 R 处的安全性。当给定 $\gamma_{\text{S-R}}$ 时，安全速率随着 $\gamma_{\text{D-R}}$ 的变化有着相同的变化趋势。

图 3-13 比较了不同信道条件下等能量分割与最优能量分割对应的安全速率，这里等能量分割方案意味着 $\beta = \gamma = 0.5$，而最优能量分割方案意味着 $\beta = \beta_{\text{opt}}, \gamma = \gamma_{\text{opt}}$。由图 3-13 显然可以看出，在不同信噪比条件下，最优能量分割方案的可达安全速率明显高于等能量分割方案。

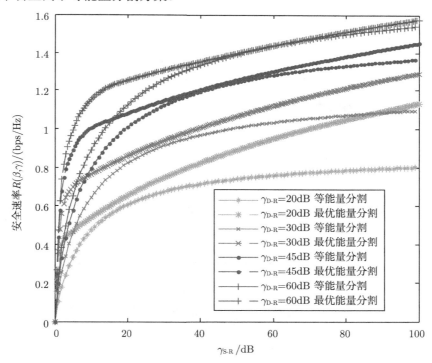

图 3-13　不同信道条件下等能量分割和最优能量分割对应的安全速率对比

图 3-14 显示了不同的 $\gamma_{\text{S-R}}$ 和 $\gamma_{\text{D-R}}$ 下源节点最优能量分割因子 β_{opt} 的变化趋势。可以看到，β_{opt} 随着 $\gamma_{\text{S-R}}$ 的增加而逐渐增加。需要说明的是，当 $\gamma_{\text{D-R}}$ 较大（如 $\gamma_{\text{D-R}} \geqslant 50\text{dB}$）且 $\gamma_{\text{S-R}}$ 较小时，$\beta_{\text{opt}} = 0$。此时，源节点的所有能量用来进行有用信号的传输，这有利于实现正安全速率。相反，β_{opt} 随着 $\gamma_{\text{D-R}}$ 的增加而减少，由于目的节点信道条件变好，有利于 D 的功率传输。在这种情况下，S 需要更多的能

量用于有用信号的传输，导致 β_{opt} 减小。

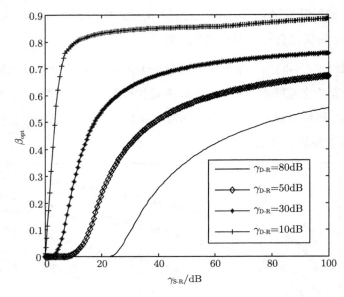

图 3-14　不同的 $\gamma_{\text{S-R}}$ 和 $\gamma_{\text{D-R}}$ 下源节点最优能量分割因子 β_{opt}

图 3-15 显示了在不同的 $\gamma_{\text{S-R}}$ 和 $\gamma_{\text{D-R}}$ 下，目的节点最优能量分割因子 γ_{opt}

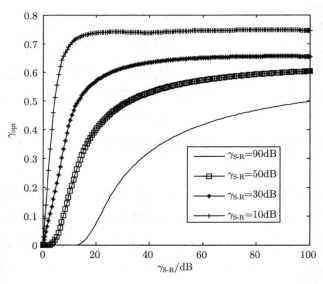

图 3-15　不同的 $\gamma_{\text{S-R}}$ 和 $\gamma_{\text{D-R}}$ 下目的节点最优能量分割因子 γ_{opt}

的变化趋势, γ_{opt} 随着 γ_{D-R} 的增加而逐渐增加。与前面的分析类似,当 γ_{S-R} 较大 (如 $\gamma_{S-R} \geqslant 50dB$) 且 γ_{D-R} 较小时, γ_{opt} 被设置为 0。此时,D 需要全部的能量来发送协同干扰信号,以防止 R 窃听到有用信息。相反, γ_{opt} 随着 γ_{S-R} 的增加而减小。这是由于当源节点信道变得更好时,有利于有用信息的传输。在这种情况下,D 可以将更多的能量用于协作干扰信号的传输,导致 γ_{opt} 减小。

本节研究了基于能量收集的不可信中继网络中安全速率优化问题,设计了一种基于目的节点协作传输和能量协同的安全传输方案。在所提的方案中,中继节点从源节点和目的节点收集能量,能量收集可以在很大程度上缓解中继节点的能量短缺问题,协作干扰技术可以保证不可信中继节点不能窃听有用信号。通过这个过程,源节点和目的节点所拥有的能量被分成两部分,分为用于中继点的能量收集和有用协作干扰信号的传输。在本方案中,采用迭代优化算法,联合优化源节点和目的节点的能量分配,最大限度地提高了安全速率。同时,仿真结果表明,在最优能量分配方案下,迭代算法可获得更高的安全速率,而且收敛速度更快。

参 考 文 献

[1] Huang J, Mukherjee A, Swindlehurst A L. Secure communication via an untrusted non-regenerative relay in fading channels[J]. IEEE Transactions on Signal Processing, 2013, 61(10): 2536-2550.

[2] Laneman J N, Tse D N C, Wornell G W. Cooperative diversity in wireless networks: efficient protocols and outage behavior[J]. IEEE Transactions on Information Theory, 2004, 50(12): 3062-3080.

[3] Varshney L R. Transporting information and energy simultaneously[C]. IEEE International Symposium on Information Theory, 2013: 1612-1616.

[4] Xun Z, Rui Z, Ho C K. Wireless information and power transfer: architecture design and rate-energy tradeoff[J]. IEEE Transactions on Communications, 2013, 61(11): 4754-4767.

[5] 晏凯强, 刘慧东, 任国春, 等. 多天线中继系统中能量收集时隙传输策略研究 [J]. 通信技术, 2016, 49(5): 576-581.

[6] Chen Y, Shi R, Feng W, et al. AF relaying with energy harvesting source and relay[J].

IEEE Transactions on Vehicular Technology, 2017, 66(1): 874-879.

[7] Nasir A A, Zhou X, Durrani S, et al. Relaying protocols for wireless energy harvesting and information processing[J]. IEEE Transactions on Wireless Communications, 2013, 12(7): 3622-3636.

[8] Ding Z, Perlaza S M, Esnaola I, et al. Power allocation strategies in energy harvesting wireless cooperative networks[J]. IEEE Transactions on Wireless Communications, 2013, 13(2): 846-860.

[9] Krikidis I. Simultaneous information and energy transfer in large-scale networks with/ without relaying[J]. IEEE Transactions on Communications, 2014, 62(3): 900-912.

[10] Ding Z, Krikidis I, Sharif B, et al. Wireless information and power transfer in cooperative networks with spatially random relays[J]. IEEE Transactions on Wireless Communications, 2014, 13(8): 4440-4453.

[11] Minasian A, Shahbazpanahi S, Adve R S. Energy harvesting cooperative communication systems[J]. IEEE Transactions on Wireless Communications, 2014, 13(11): 6118-6131.

[12] Minasian A, Adve R, Shahbazpanahi S. Optimal resource allocation in energy harvesting amplify-and-forward relay networks[C]. IEEE Global Conference on Signal And Information Processing, 2013: 363-366.

[13] Yao R , Xu F , Mekkawy T , et al. Optimised power allocation to maximise secure rate in energy harvesting relay network[J]. Electronics Letters, 2016, 52(22): 1879-1881.

[14] Yao R, Lu Y, Tsiftsis T A, et al. Secrecy rate-optimum energy splitting for an untrusted and energy harvesting relay network[J]. IEEE Access, 2018, 6: 19238-19246.

[15] Rankov B, Wittneben A. Spectral efficient protocols for half-duplex fading relay channels[J]. IEEE Journal on Selected Areas in Communications, 2007, 25(2): 379-389.

[16] Stirling D. Mathematical analysis and proof (second edition)[M]. Chichester: Horwood Publishing Limited Chichester, 2009.

第 4 章　多天线节点不可信中继网络中的安全传输方案

4.1　引　　言

4.1.1　研究背景

在无线通信中，很多因素 (如多径效应、信道衰落和噪声等) 会对通信质量造成影响。MIMO 技术从智能天线发展而来，通过在发射端和接收端配置多根天线，能够在有限的频谱资源内向空间域进行扩展，将信号处理的范围扩展到空间维度上，在不增加带宽的条件下，利用信道在空间中的自由度 (degree of freedom, DoF) 实现频谱效率的成倍增长。

在多天线系统中，波束形成是一种调节信号发射或接收方向的信号处理技术 [1]。波束形成器通过调节天线阵列中各阵元发射信号的幅度和相位，改变整个天线阵列的发射或接收信号的方向，可以在指定方向实现很强的增益，或在指定方向上形成很深的衰落。波束形成技术在雷达、声呐、无线通信、射电天文学等应用中起着重要作用。预编码 [2] 是一种通用的波束形成方案，对通过每个阵元的信号附加不同的增益和相位，在 MIMO 系统中应用非常广泛。本章主要考虑发射端的波束形成，通过构造发射预编码矩阵调节发射信号对齐到指定方向，在该方向上形成较大的增益。

在物理层安全研究中，结合当前 MIMO 研究热点，可将 MIMO 技术引入中继网络中，分别在源节点、中继节点以及目的节点部署多根天线，充分利用 MIMO 技术的优势，提高协作中继网络的频谱利用效率。具体地，可以通过增强有用信号、协作干扰信号或调节信号方向，避免一些节点的窃听行为。

另外，考虑到用户节点功率有限或系统总功率有限，为了在有限功率的前提下最大化系统可达安全速率，需要进行功率分配优化。本章针对多天线不可信中继网络的安全传输，开展波束形成和功率分配联合优化。由于联合优化问题十分复杂，需要进行必要的简化和近似，以获得优化问题的求解。本章主要的研究工作包括：

(1) 针对单向、多天线不可信中继传输网络，考虑系统总的功率有限，需要优化有用信号和协作干扰信号的功率分配；考虑多天线应用，需要优化设计有用信号和协作干扰信号的波束形成。因此，以最大化系统安全速率为目标，建立了波束形成和功率分配联合优化模型。由于优化问题十分复杂，提出了一种迭代的优化方案。基于匹配滤波设计了协作干扰发送预编码，基于广义奇异值分解设计了有用信号发送预编码，有效聚焦了信号能量。进而，获得了优化波束形成的功率分配优化问题，证明了最优功率分配的存在性，提出求解方案。并且，给出了迭代方案，完成多参数联合优化。仿真结果验证了所提方案的正确性和有效性。

(2) 进一步复杂化系统，研究双向、多天线不可信中继网络的波束形成和功率分配联合优化问题。双向传输时，每个用户具有有限的功率，需要合理分配发送协作干扰和有用信号的功率。首先设计了安全通信模型，建立优化模型。其次，将双向通信的联合优化转换为两个单向传输的交替迭代优化，针对单向传输的优化可以借鉴前面的研究成果。再次，提出了二层迭代优化算法，内循环完成给定波束形成时的功率分配，外循环完成给定功率分配时的波束形成。最后，给出仿真结果验证所提方案的正确性和有效性。

4.1.2　相关工作

在多天线系统中，采用波束形成技术可以有效地提升物理层的安全性能，波束形成有助于使合法信道方向获得远远高于窃听信道方向 (不期望的方向) 的天线增益。在考虑有窃听节点的物理层安全系统模型中，采用波束形成将方向图中的主瓣对准可靠接收机的方向，而将方向图中的旁瓣、甚至零陷对准窃听者。进一步优化窃听信道方向的波束增益，可以采用方向调制 [3,4]、模拟波束形成 [5,6] 等技术优化方向图。近年来，协作波束形成已经成为一个广泛研究的热点，可以应用到不同的系统中，如认知中继网络 [7]、多载波中继系统 [8] 和多天线中继网络 [9,10] 等。

研究表明，在协作干扰工作模式下，中继节点除了完成中继功能外，它还能完成协作干扰机的功能。

节点之间的协作干扰最初是为了多窃听者信道[11]引入的，并在文献[12]~[14]中得到扩展。总的来说，设计安全的波束形成对于保护有用信息免受任何窃听者的窃听是有效的。文献[15]研究了辅助节点分组策略，一部分辅助节点利用波束形成改善合法信道的接收信号质量；另一部分节点构造协作干扰信号阻塞窃听者。文献[16]提出了多输入单输出 (multiple input single output, MISO) 全双工传输系统的次优化安全波束形成方案。在文献[17]中，中继节点采用物理层网络编码映射，针对用户和中继分别设计安全的波束形成向量。文献[18]提出了基于二分法和广义特征值分解 (generalized eigenvalue decomposition, GED) 的波束形成优化设计方案，最大化物理层的安全性能。而在文献[19]中，采用奇异值分解 (singular value decomposition, SVD) 技术并行化源节点到目的节点的传输信道，进而针对一个源节点、两个目的节点的系统，采用广义奇异值分解 (generalized singular value decomposition, GSVD) 辅助构造预编码矩阵，优化系统性能。随后，文献[20]结合 SVD 和 GSVD 将 MIMO 窃听信道分解成并行的独立信道，便于进行系统性能的优化。

针对 MIMO 窃听网络，考虑服务质量约束和非理想信道状态信息，文献[9]通过最小化系统总的传输功率设计了稳健波束形成，为了求解该优化问题，进一步采用半正定松弛方法将非凸优化问题转换为半正定规划问题。文献[10]研究了多天线放大–转发中继网络中的波束形成优化设计，基于 SVD 分解构造了协作干扰信号和有用信号的波束形成器，完整地分析了系统可达的安全中断概率和遍历安全速率。

在上述工作中，所有中继节点都是友好的和可信的，窃听者都是外部的非法节点。但是，在某些情况下，中继节点除了转发有用信息之外，同时也可能窃听有用消息[21,22]。文献[23]提出了一种不平衡的波束成形设计方法，有效实现物理层安全。针对单向全双工通信系统，文献[24]提出了一种源节点和不可信中继节点的联合安全波束形成方法，能够最大化系统可达安全速率。文献[24]中的方法进一步被扩展到存在直接链路的双向中继传输系统中[22]。由相关文献可知，当源节点到目的节点的通信必须经过不可信中继时，源节点到中继节点链路的信噪比总是高于源节点–中继节点–目的节点链路的信噪比[25]。而根据安全速率的定义[26]可知，这种情况下无法获得正的安全速率，即通过不可信中继为该网络转发用户有用信息是不安全的。为了解决这个问题，可以采用目的节点协作干扰 (destination assisted jamming, DAJ) 方案，实现安全传输，并获得更高的安全速率。

目前，针对存在外部窃听节点的单向、单天线可信中继通信系统，文献 [27] 引入 DAJ 技术实现物理层安全传输，深入分析了准静态衰落信道下最大可达安全速率和最小安全中断概率。通过增加中继节点的发射功率，可以进一步提高系统可达安全速率 [28]。当不可信中继和窃听者同时存在时，文献 [29] 计算了可达安全速率区域。文献 [30] 将此工作扩展到多天线、不可信中继网络的研究，针对源节点和/或目的节点安装有大规模天线阵列的应用场景，推导了高信噪比条件下最优功率分配的闭合表达式。在文献 [31] 中，基于渐近安全和速率，提出了一种针对源节点、中继节点和目的节点的联合预编码器优化设计方案，但为了易于推导和优化，文献中仅考虑发送一个符号的假设。而且，由于基于渐近的近似优化，在中低信噪比条件下，存在相当大的安全速率的损失。

本章考虑不存在外部窃听节点的单向/双向、多天线、不可信中继网络的波束形成和功率分配联合优化问题，最大化系统的可达安全速率。由于优化目标函数是非凸的，且优化参数多、相互存在关联性，直接进行多参数联合优化设计十分困难。充分利用数学工具，可简化复杂优化问题的求解方案。

4.2　单向、多天线不可信中继网络中波束形成和功率分配的联合优化方案

4.2.1　单向、多天线不可信中继网络系统模型和信号模型

研究的单向、多天线不可信中继网络系统模型如图 4-1 所示。由于源节点 (S) 与目的节点 (D) 之间的传输距离较大，或存在深衰落，假设 S 将有用信号通过两个时隙经中继节点 (R) 发送到 D。在目的节点协助干扰传输网络中，在第一个时隙，S 向 R 发送有用信号，同时 D 也向 R 发送了一个与此信号同频的干扰信号。在第二个时隙，R 将接收的混合信号进行放大并转发给 D，即 R 工作在放大–转发模式。

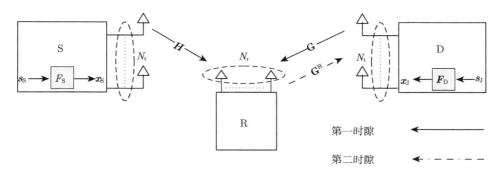

图 4-1 单向、多天线不可信中继网络系统模型

在分布式 60GHz 无线个域网 (wireless personal network, WPAN) 中，所有的站点都具有相同的天线配置。另外，考虑到向双向传输系统的拓展，假设源节点 S 和目的节点 D 具有相同的天线配置，均配置 N_t 根天线，而中继节点 R 处有 N_r 根天线。经预编码后的 S 的发射信号为 $\boldsymbol{x}_S = \boldsymbol{F}_S \boldsymbol{s}_S$，$\boldsymbol{s}_S \in \mathbb{C}^{L \times 1}$ 是已调制的有用符号向量，$\boldsymbol{F}_S \in \mathbb{C}^{N_t \times L}$ 表示对有用信号的预编码矩阵，有用符号向量的维度 L 由信道确定，将在后面的章节中分析。为了充分利用复用增益，建议取 $L \leqslant N_t \leqslant N_r$。同时，在第一个时隙，目的节点 D 发送协作干扰信号给中继节点 R，避免 R 窃听有用信息，此协作干扰信号可表示为 $\boldsymbol{x}_J = \boldsymbol{F}_D \boldsymbol{s}_J$，$\boldsymbol{s}_J \in \mathbb{C}^{N_t \times 1}$ 为协作干扰符号向量，$\boldsymbol{F}_D \in \mathbb{C}^{N_t \times N_t}$ 表示协作干扰信号的预编码矩阵。在这里，假定有一个主站 (master station, MS) 收集信道信息，并计算最优化功率分配，进而分发给源节点 S 和目的节点 D。假设 $\alpha \in [0,1]$ 表示功率分配因子，P 是 S 和 D 发射的总功率，则 S 发射有用信号和 D 发射协作干扰信号的功率分别为 αP 和 $(1-\alpha)P$，因此有 $\mathbb{E}\left[\boldsymbol{s}_S \boldsymbol{s}_S^{\mathrm{H}}\right] = \dfrac{\alpha P}{L} \boldsymbol{I}_L$，$\mathbb{E}\left[\boldsymbol{s}_J \boldsymbol{s}_J^{\mathrm{H}}\right] = \dfrac{(1-\alpha)P}{N_t} \boldsymbol{I}_{N_t}$。通过以上假设可知，在第一个时隙，不可信中继节点 R 处接收的信号向量 $\boldsymbol{y}_R \in \mathbb{C}^{N_r \times 1}$ 可表示为

$$\boldsymbol{y}_R = \boldsymbol{H}\boldsymbol{x}_S + \boldsymbol{G}\boldsymbol{x}_J + \boldsymbol{n}_R, \tag{4-1}$$

其中，$\boldsymbol{H} \in \mathbb{C}^{N_r \times N_t}$ 和 $\boldsymbol{G} \in \mathbb{C}^{N_r \times N_t}$ 分别表示从 S 到 R 和从 D 到 R 的 MIMO 信道矩阵；$\boldsymbol{n}_R \sim \mathcal{CN}(\boldsymbol{0}, \sigma_r^2 \boldsymbol{I}_{N_r})$ 表示 R 接收的复加性高斯白噪声向量。

需要注意的是，本书考虑的中继节点是不可信的，它会窃听有用信号。由式 (4-1) 可知，中继节点 R 可以获得的瞬时速率为

$$R_{\mathrm{R}} = \log_2 \left| \boldsymbol{I}_{N_{\mathrm{r}}} + \frac{\alpha P}{L} \boldsymbol{H} \boldsymbol{F}_{\mathrm{S}} \boldsymbol{F}_{\mathrm{S}}^{\mathrm{H}} \boldsymbol{H}^{\mathrm{H}} \left(\frac{(1-\alpha)P}{N_{\mathrm{t}}} \boldsymbol{G} \boldsymbol{F}_{\mathrm{D}} \boldsymbol{F}_{\mathrm{D}}^{\mathrm{H}} \boldsymbol{G}^{\mathrm{H}} + \sigma_{\mathrm{r}}^2 \boldsymbol{I}_{N_{\mathrm{r}}} \right)^{-1} \right|$$

$$\overset{(a1)}{\approx} \log_2 \left| \boldsymbol{I}_{N_{\mathrm{r}}} + \frac{\alpha P}{L} \boldsymbol{H} \boldsymbol{F}_{\mathrm{S}} \boldsymbol{F}_{\mathrm{S}}^{\mathrm{H}} \boldsymbol{H}^{\mathrm{H}} \left(\frac{(1-\alpha)P}{N_{\mathrm{t}}} \boldsymbol{G} \boldsymbol{F}_{\mathrm{D}} \boldsymbol{F}_{\mathrm{D}}^{\mathrm{H}} \boldsymbol{G}^{\mathrm{H}} \right)^{-1} \right|$$

$$= \log_2 \left| \boldsymbol{I}_{N_{\mathrm{r}}} + \frac{N_{\mathrm{t}}}{L} \cdot \alpha \boldsymbol{H} \boldsymbol{F}_{\mathrm{S}} \boldsymbol{F}_{\mathrm{S}}^{\mathrm{H}} \boldsymbol{H}^{\mathrm{H}} \left((1-\alpha) \boldsymbol{G} \boldsymbol{F}_{\mathrm{D}} \boldsymbol{F}_{\mathrm{D}}^{\mathrm{H}} \boldsymbol{G}^{\mathrm{H}} \right)^{-1} \right|$$

$$= \log_2 \left| \boldsymbol{I}_{N_{\mathrm{r}}} + \frac{N_{\mathrm{t}}}{L} \cdot \frac{\alpha}{1-\alpha} \boldsymbol{S}_{\mathrm{R}} \boldsymbol{F}_{\mathrm{S}} \boldsymbol{F}_{\mathrm{S}}^{\mathrm{H}} \boldsymbol{S}_{\mathrm{R}}^{\mathrm{H}} \right| \tag{4-2}$$

其中，$\boldsymbol{S}_{\mathrm{R}} = \left(\boldsymbol{G} \boldsymbol{F}_{\mathrm{D}} \boldsymbol{F}_{\mathrm{D}}^{\mathrm{H}} \boldsymbol{G}^{\mathrm{H}} \right)^{-\frac{1}{2}} \boldsymbol{H}$；(a1) 的近似是基于协作干扰信号具有较高的信噪比这一假设的，噪声功率项 $\sigma_{\mathrm{r}}^2 \boldsymbol{I}_{N_{\mathrm{r}}}$ 可以被忽略，关于这个近似对性能的影响，将在后续的仿真中进行验证。通过以上的速率表达式可以知道，如果中继节点 R 具有较高的速率，就可以窃听到有用信号，系统将不再是安全的。

在第二个时隙，中继节点对 $\boldsymbol{y}_{\mathrm{R}}$ 进行增益放大。许多学者研究了中继的增益问题，证明了基于瞬时信道状态信息的可变增益比固定增益具有更好的性能。然而，可变增益会使得问题大大复杂化，超出了本章的研究重点。在这种情况下，假定中继节点 R 具有稳定的、足够的功率供给，放大–转发传输信号时在所有方向上都采用固定为 1 的增益。同时，考虑信道的互易性 [32]，从 D 到 R 的信道为 $\boldsymbol{G}^{\mathrm{H}}$。因此，目的节点 D 接收到的信号向量 $\boldsymbol{y}_{\mathrm{D}} \in \mathbb{C}^{N_{\mathrm{t}} \times 1}$ 可表示为

$$\boldsymbol{y}_{\mathrm{D}} = \boldsymbol{G}^{\mathrm{H}} \boldsymbol{H} \boldsymbol{x}_{\mathrm{S}} + \boldsymbol{G}^{\mathrm{H}} \boldsymbol{G} \boldsymbol{x}_{\mathrm{J}} + \boldsymbol{G}^{\mathrm{H}} \boldsymbol{n}_{\mathrm{R}} + \boldsymbol{n}_{\mathrm{D}} \tag{4-3}$$

其中，$\boldsymbol{n}_{\mathrm{D}} \sim \mathcal{CN}(\boldsymbol{0}, \sigma_{\mathrm{d}}^2 \boldsymbol{I}_{N_{\mathrm{t}}})$ 是 D 接收到的复加性高斯白噪声向量。因为主站负责信道状态信息的收集、计算和分发，所以假设目的节点 D 可以获得完美的信道状态信息。因此，式 (4-3) 中的第二项可通过自干扰消除技术进行消除，故 D 的可达速率为

$$R_{\mathrm{D}} = \log_2 \left| \boldsymbol{I}_{N_{\mathrm{r}}} + \frac{\alpha P}{L} \left(\sigma_{\mathrm{r}}^2 \boldsymbol{G}^{\mathrm{H}} \boldsymbol{G} + \sigma_{\mathrm{d}}^2 \boldsymbol{I}_{N_{\mathrm{t}}} \right)^{-\frac{1}{2}} \boldsymbol{G}^{\mathrm{H}} \boldsymbol{H} \right.$$

$$\left. \times \boldsymbol{F}_{\mathrm{S}} \boldsymbol{F}_{\mathrm{S}}^{\mathrm{H}} \left(\left(\sigma_{\mathrm{r}}^2 \boldsymbol{G}^{\mathrm{H}} \boldsymbol{G} + \sigma_{\mathrm{d}}^2 \boldsymbol{I}_{N_{\mathrm{t}}} \right)^{-\frac{1}{2}} \boldsymbol{G}^{\mathrm{H}} \boldsymbol{H} \right)^{\mathrm{H}} \right.$$

$$= \log_2 \left| \boldsymbol{I}_{N_{\mathrm{t}}} + \frac{\alpha P}{L} \boldsymbol{S}_{\mathrm{D}} \boldsymbol{F}_{\mathrm{S}} \boldsymbol{F}_{\mathrm{S}}^{\mathrm{H}} \boldsymbol{S}_{\mathrm{D}}^{\mathrm{H}} \right|, \tag{4-4}$$

其中，$\boldsymbol{S}_{\mathrm{D}} = \left(\sigma_{\mathrm{r}}^2 \boldsymbol{G}^{\mathrm{H}} \boldsymbol{G} + \sigma_{\mathrm{d}}^2 \boldsymbol{I}_{N_{\mathrm{t}}} \right)^{-\frac{1}{2}} \boldsymbol{G}^{\mathrm{H}} \boldsymbol{H}$。

4.2.2 联合优化波束形成和最优化功率分配

1. 优化问题定义

基于 4.2.1 小节的描述，由于中继节点 R 是不可信的，因此需要采用协作干扰技术避免不可信中继节点 R 窃听有用信息。参考文献 [33]，引入安全速率作为系统的优化目标，定义为

$$R_{\mathrm{s}} = \frac{1}{2} \max \left\{ 0, R_{\mathrm{D}} - R_{\mathrm{R}} \right\} \tag{4-5}$$

其中，系数 $\frac{1}{2}$ 表示一次传输需要 2 个时隙完成，且安全速率是非负的。将式 (4-4) 和式 (4-2) 代入式 (4-5) 可得

$$R_{\mathrm{s}} = \frac{1}{2} \log_2 \frac{\left| \boldsymbol{I}_{N_{\mathrm{t}}} + \dfrac{\alpha P}{L} \boldsymbol{S}_{\mathrm{D}} \boldsymbol{F}_{\mathrm{S}} \boldsymbol{F}_{\mathrm{S}}^{\mathrm{H}} \boldsymbol{S}_{\mathrm{D}}^{\mathrm{H}} \right|}{\left| \boldsymbol{I}_{N_{\mathrm{r}}} + \dfrac{N_{\mathrm{t}}}{L} \cdot \dfrac{\alpha}{1-\alpha} \boldsymbol{S}_{\mathrm{R}} \boldsymbol{F}_{\mathrm{S}} \boldsymbol{F}_{\mathrm{S}}^{\mathrm{H}} \boldsymbol{S}_{\mathrm{R}}^{\mathrm{H}} \right|} \tag{4-6}$$

考虑源节点 S 和目的节点 D 总的发射功率是恒定的，为了最大化系统可达安全速率，需要最优化源节点 S 发射有用信号和目的节点 D 发送协作干扰的功率。这一优化问题可以表述为

$$\begin{aligned} \max_{\alpha} \quad & R_{\mathrm{s}} \\ \mathrm{s.t.} \quad & \alpha \in (0, 1), \quad P \geqslant 0 \\ & \mathrm{Tr} \left(\boldsymbol{F}_{\mathrm{S}} \boldsymbol{F}_{\mathrm{S}}^{\mathrm{H}} \right) \leqslant L \\ & \mathrm{Tr} \left(\boldsymbol{F}_{\mathrm{D}} \boldsymbol{F}_{\mathrm{D}}^{\mathrm{H}} \right) \leqslant N_{\mathrm{t}} \end{aligned} \tag{4-7}$$

其中，第一个约束是针对功率分配的，第二个和第三个约束分别是针对有用信号和协作干扰信号的发射预编码的。由于式 (4-7) 中优化问题的目标函数是一个非凸函数 [34]，联合优化功率分配和预编码是十分困难的。而且，功率分配的优化也不是

一个简单问题，原因是功率分配同时影响合法信号和窃听信号的质量。下面首先优化设计协作干扰预编码矩阵，然后简化优化复杂度，进而提出一种迭代算法，优化功率分配和有用信号发射预编码矩阵。

2. 联合优化波束形成和最优化功率分配

由于式 (4-7) 中的目标函数是非凸的，且优化参数 α、$\boldsymbol{F}_\mathrm{S}$ 和 $\boldsymbol{F}_\mathrm{D}$ 具有很强的相关性，不能用传统的优化方法直接求解，而采用数值计算方法将耗费大量的时间，且需要节点具备很强的计算能力。考虑到上述原因，提出了一个求解方案：首先，对 S 和 D 的预编码器进行优化设计，从而最大限度地提高系统的安全性能；然后，对式 (4-7) 中的目标函数对角化，进而优化功率分配因子；最后，通过迭代处理，综合优化三个参数，达到最优或者近似最优的优化求解。

1)$\boldsymbol{F}_\mathrm{D}$ 的优化

在 DAJ 模型中，$\boldsymbol{F}_\mathrm{D}$ 用于增强从目的节点 D 发送给 k 的协作干扰信号，从而防止不可信中继 R 窃听有用信号。因此，由式 (4-1) 可知，基于匹配滤波的预编码器 $\boldsymbol{F}_\mathrm{D}$ 是最优值，即 $\boldsymbol{F}_\mathrm{D} = \beta \boldsymbol{G}^\mathrm{H}$，其中，参数 $\beta = \dfrac{\sqrt{N_\mathrm{t}}}{\|\boldsymbol{G}\|_\mathrm{F}}$ 是为了满足式 (4-7) 的第三个约束条件，$\|\cdot\|_\mathrm{F}$ 表示矩阵的 Frobenius 范数。由此保证对不可信中继 R 的信干噪比更低，此时目标函数可以转换为

$$
\begin{aligned}
R_\mathrm{s} &= \frac{1}{2}\log_2 \frac{\left| \boldsymbol{I}_{N_\mathrm{t}} + \dfrac{\alpha P}{L}\boldsymbol{S}_\mathrm{D}\boldsymbol{F}_\mathrm{S}\boldsymbol{F}_\mathrm{S}^\mathrm{H}\boldsymbol{S}_\mathrm{D}^\mathrm{H} \right|}{\left| \boldsymbol{I}_{N_\mathrm{r}} + \dfrac{N_\mathrm{t}}{L}\cdot\dfrac{\alpha}{1-\alpha}\cdot\dfrac{1}{\beta^2}\cdot\left(\left(\boldsymbol{G}\boldsymbol{G}^\mathrm{H}\boldsymbol{G}\boldsymbol{G}^\mathrm{H}\right)^{-\frac{1}{2}}\boldsymbol{H}\right)\boldsymbol{F}_\mathrm{S}\boldsymbol{F}_\mathrm{S}^\mathrm{H}\left(\left(\boldsymbol{G}\boldsymbol{G}^\mathrm{H}\boldsymbol{G}\boldsymbol{G}^\mathrm{H}\right)^{-\frac{1}{2}}\boldsymbol{H}\right)^\mathrm{H} \right|} \\[4mm]
&= \frac{1}{2}\log_2 \frac{\left| \boldsymbol{I}_{N_\mathrm{t}} + \dfrac{\alpha P}{L}\boldsymbol{S}_\mathrm{D}\boldsymbol{F}_\mathrm{S}\boldsymbol{F}_\mathrm{S}^\mathrm{H}\boldsymbol{S}_\mathrm{D}^\mathrm{H} \right|}{\left| \boldsymbol{I}_{N_\mathrm{r}} + \dfrac{1}{L}\cdot\dfrac{\alpha}{1-\alpha}\left(\|\boldsymbol{G}\|_\mathrm{F}\left(\boldsymbol{G}\boldsymbol{G}^\mathrm{H}\boldsymbol{G}\boldsymbol{G}^\mathrm{H}\right)^{-\frac{1}{2}}\boldsymbol{H}\right)\boldsymbol{F}_\mathrm{S}\boldsymbol{F}_\mathrm{S}^\mathrm{H}\left(\|\boldsymbol{G}\|_\mathrm{F}\left(\boldsymbol{G}\boldsymbol{G}^\mathrm{H}\boldsymbol{G}\boldsymbol{G}^\mathrm{H}\right)^{-\frac{1}{2}}\boldsymbol{H}\right)^\mathrm{H} \right|} \\[4mm]
&= \frac{1}{2}\log_2 \frac{\left| \boldsymbol{I}_{N_\mathrm{t}} + \dfrac{\alpha P}{L}\boldsymbol{S}_\mathrm{D}\boldsymbol{F}_\mathrm{S}\boldsymbol{F}_\mathrm{S}^\mathrm{H}\boldsymbol{S}_\mathrm{D}^\mathrm{H} \right|}{\left| \boldsymbol{I}_{N_\mathrm{r}} + \dfrac{1}{L}\cdot\dfrac{\alpha}{1-\alpha}\boldsymbol{S}_{\bar{\mathrm{R}}}\boldsymbol{F}_\mathrm{S}\boldsymbol{F}_\mathrm{S}^\mathrm{H}\boldsymbol{S}_{\bar{\mathrm{R}}}^\mathrm{H} \right|}
\end{aligned}
\tag{4-8}
$$

其中，$S_{\bar{\mathrm{R}}} = \|G\|_{\mathrm{F}} \left(GG^{\mathrm{H}}GG^{\mathrm{H}}\right)^{-\frac{1}{2}} H$。

2) F_{S} 的优化

由式 (4-8) 可以看出，有用信号的发射预编码矩阵 F_{S} 同时位于分子和分母上。从信号子空间来理解，式 (4-8) 的商需要优化设计 F_{S}，使其聚焦在 S_{D} 张成的列空间中，同时正交于 $S_{\bar{\mathrm{R}}}$ 张成的列空间中。从子空间角度考虑，广义奇异值分解 (GSVD) 是一个有效的预编码设计工具 [35-37]。因此，协方差矩阵 S_{D} 和 $S_{\bar{\mathrm{R}}}$ 可以用 GSVD 进行同时对角化，对应公式为

$$S_{\mathrm{D}} = U\Sigma_{\mathrm{D}}K^{\mathrm{H}}$$
$$S_{\bar{\mathrm{R}}} = V\Sigma_{\mathrm{R}}K^{\mathrm{H}} \tag{4-9}$$

其中，$U \in \mathbb{C}^{N_{\mathrm{t}} \times N_{\mathrm{t}}}$ 和 $V \in \mathbb{C}^{N_{\mathrm{r}} \times N_{\mathrm{r}}}$ 是酉矩阵；$\Sigma_{\mathrm{D}} \in \mathbb{R}^{N_{\mathrm{t}} \times N_{\mathrm{t}}}$ 和 $\Sigma_{\mathrm{R}} \in \mathbb{C}^{N_{\mathrm{r}} \times N_{\mathrm{t}}}$ 是对角矩阵；$K \in \mathbb{C}^{N_{\mathrm{t}} \times N_{\mathrm{t}}}$ 是 S_{D} 和 $S_{\bar{\mathrm{R}}}$ 的公共非奇异矩阵。GSVD 有一个重要性质是

$$\Sigma_{\mathrm{D}}\Sigma_{\mathrm{D}}^{\mathrm{T}} + \Sigma_{\mathrm{R}}^{\mathrm{T}}\Sigma_{\mathrm{R}} = I_{N_{\mathrm{t}}} \tag{4-10}$$

其中，$\Sigma_{\mathrm{D}} = \mathrm{diag}\left(\eta_{\mathrm{d},1}, \cdots, \eta_{\mathrm{d},N_{\mathrm{t}}}\right)$ 中的对角线元素是按升序排列的，即 $0 \leqslant \eta_{\mathrm{d},1} \leqslant \cdots \leqslant \eta_{\mathrm{d},N_{\mathrm{t}}} \leqslant 1$；$\Sigma_{\mathrm{R}} = \mathrm{diag}\left(\eta_{\mathrm{r},1}, \cdots, \eta_{\mathrm{r},N_{\mathrm{r}}}\right)$ 中的对角线元素是按降序排列的，即 $1 \geqslant \eta_{\mathrm{r},1} \geqslant \cdots \geqslant \eta_{\mathrm{r},N_{\mathrm{r}}} \geqslant 0$。

因此，式 (4-7) 中的目标函数可以进一步转换为

$$
\begin{aligned}
R_{\mathrm{s}} &= \frac{1}{2}\log_2 \frac{\left|I_{N_{\mathrm{t}}} + \dfrac{\alpha P}{L}U\Sigma_{\mathrm{D}}K^{\mathrm{H}}F_{\mathrm{S}}F_{\mathrm{S}}^{\mathrm{H}}K\Sigma_{\mathrm{D}}U^{\mathrm{H}}\right|}{\left|I_{N_{\mathrm{r}}} + \dfrac{1}{L}\cdot\dfrac{\alpha}{1-\alpha}V\Sigma_{\mathrm{R}}K^{\mathrm{H}}F_{\mathrm{S}}F_{\mathrm{S}}^{\mathrm{H}}K\Sigma_{\mathrm{R}}V^{\mathrm{H}}\right|} \\[2em]
&= \frac{1}{2}\log_2 \frac{\left|U\left(I_{N_{\mathrm{t}}} + \dfrac{\alpha P}{L}\Sigma_{\mathrm{D}}K^{\mathrm{H}}F_{\mathrm{S}}F_{\mathrm{S}}^{\mathrm{H}}K\Sigma_{\mathrm{D}}\right)U^{\mathrm{H}}\right|}{\left|V\left(I_{N_{\mathrm{r}}} + \dfrac{1}{L}\cdot\dfrac{\alpha}{1-\alpha}\Sigma_{\mathrm{R}}K^{\mathrm{H}}F_{\mathrm{S}}F_{\mathrm{S}}^{\mathrm{H}}K\Sigma_{\mathrm{R}}\right)V^{\mathrm{H}}\right|} \\[2em]
&= \frac{1}{2}\log_2 \frac{\left|I_{N_{\mathrm{t}}} + \dfrac{\alpha P}{L}\Sigma_{\mathrm{D}}K^{\mathrm{H}}F_{\mathrm{S}}F_{\mathrm{S}}^{\mathrm{H}}K\Sigma_{\mathrm{D}}\right|}{\left|I_{N_{\mathrm{r}}} + \dfrac{1}{L}\cdot\dfrac{\alpha}{1-\alpha}\Sigma_{\mathrm{R}}K^{\mathrm{H}}F_{\mathrm{S}}F_{\mathrm{S}}^{\mathrm{H}}K\Sigma_{\mathrm{R}}\right|}
\end{aligned} \tag{4-11}
$$

其中，最后一个等式是基于 $|ABC| = |A||B||C|$ 得到的，且酉矩阵的行列式为 1。

设计 $\boldsymbol{F}_{\mathrm{S}} = \lambda \left(\boldsymbol{K}^{\mathrm{H}} \right)^{-1}$，其中参数 λ 是为了满足式 (4-7) 优化问题的第二个约束条件，分子和分母转化成了对角阵，可达安全速率可以直接表示为

$$R_{\mathrm{s}} = \frac{1}{2} \log_2 \prod_{i=1}^{N_{\mathrm{t}}} \left(1 + \frac{\dfrac{\alpha \lambda^2 P}{L} \eta_{\mathrm{d},i}^2 - \dfrac{\lambda^2}{L} \cdot \dfrac{\alpha}{1-\alpha} \eta_{\mathrm{r},i}^2}{1 + \dfrac{\lambda^2}{L} \cdot \dfrac{\alpha}{1-\alpha} \eta_{\mathrm{r},i}^2} \right)$$

$$= \frac{1}{2} \sum_{i=1}^{N_{\mathrm{t}}} \log_2 \left(1 + \frac{\dfrac{\alpha \lambda^2 P}{L} \eta_{\mathrm{d},i}^2 - \dfrac{\lambda^2}{L} \cdot \dfrac{\alpha}{1-\alpha} \eta_{\mathrm{r},i}^2}{1 + \dfrac{\lambda^2}{L} \cdot \dfrac{\alpha}{1-\alpha} \eta_{\mathrm{r},i}^2} \right) \tag{4-12}$$

由 $\boldsymbol{\Sigma}_{\mathrm{D}}$ 和 $\boldsymbol{\Sigma}_{\mathrm{R}}$ 的特性可知，当 $i = 1, \cdots, N_{\mathrm{t}}$ 逐渐增大时，式 (4-12) 中的

项 $\left(1 + \dfrac{\dfrac{\alpha \lambda^2 P}{L} \eta_{\mathrm{d},i}^2 - \dfrac{\lambda^2}{L} \cdot \dfrac{\alpha}{1-\alpha} \eta_{\mathrm{r},i}^2}{1 + \dfrac{\lambda^2}{L} \cdot \dfrac{\alpha}{1-\alpha} \eta_{\mathrm{r},i}^2} \right)$ 也逐渐增大。为了最大化 R_{s}，希望能满足

$\left(1 + \dfrac{\dfrac{\alpha \lambda^2 P}{L} \eta_{\mathrm{d},i}^2 - \dfrac{\lambda^2}{L} \cdot \dfrac{\alpha}{1-\alpha} \eta_{\mathrm{r},i}^2}{1 + \dfrac{\lambda^2}{L} \cdot \dfrac{\alpha}{1-\alpha} \eta_{\mathrm{r},i}^2} \right) \geqslant 1$，即满足 $\eta_{\mathrm{d},i}^2 > \dfrac{1}{(1-\alpha)P} \eta_{\mathrm{r},i}^2$ 的子信道被选

中。因此，设计了一个预编码器 $\boldsymbol{F}_{\mathrm{S}}^*$，只从 $\left(\boldsymbol{K}^{\mathrm{H}} \right)^{-1}$ 中选择有正速率的信道。进一步，令 $\left(\boldsymbol{K}^{\mathrm{H}} \right)^{-1} = [\boldsymbol{k}_1, \cdots, \boldsymbol{k}_M, \cdots, \boldsymbol{k}_{N_{\mathrm{t}}}]$，$\boldsymbol{k}_i$ 是一个维度为 $N_{\mathrm{t}} \times 1$ 的向量，$i \in \{1, \cdots, N_{\mathrm{t}}\}$，则最后 $L = N_{\mathrm{t}} - M$ 个列向量由于满足 $\eta_{\mathrm{d},i}^2 > \dfrac{1}{(1-\alpha)P} \eta_{\mathrm{r},i}^2$ 而被选择，构造 $\boldsymbol{F}_{\mathrm{S}}^*$。因此，提出的使安全速率最大化的优化设计的有用信号发射预编码器为

$$\boldsymbol{F}_{\mathrm{S}}^* = \lambda \tilde{\boldsymbol{K}} = \lambda [\boldsymbol{k}_M, \cdots, \cdots, \boldsymbol{k}_{N\mathrm{t}}] \tag{4-13}$$

其中，$\tilde{\boldsymbol{K}} = [\boldsymbol{k}_M, \cdots, \cdots, \boldsymbol{k}_{N\mathrm{t}}]$；$\lambda = \dfrac{\sqrt{L}}{\mathrm{Tr}\left(\tilde{\boldsymbol{K}}^{\mathrm{H}} \tilde{\boldsymbol{K}} \right)}$。

然后，利用式 (4-13)，可得安全速率的简化计算公式为

$$R_{\mathrm{s}} = \frac{1}{2} \sum_{i=M}^{N_{\mathrm{t}}} \log_2 \left(1 + \frac{\dfrac{\alpha \lambda^2 P}{L} \eta_{\mathrm{d},i}^2 - \dfrac{\lambda^2}{L} \cdot \dfrac{\alpha}{1-\alpha} \eta_{\mathrm{r},i}^2}{1 + \dfrac{\lambda^2}{L} \cdot \dfrac{\alpha}{1-\alpha} \eta_{\mathrm{r},i}^2} \right) \tag{4-14}$$

3) 优化 α

本章在附录中证明了：当 $\alpha \in (0, 1)$ 时，R_S 是 α 的凸函数。这样保证在 $\alpha \in (0, 1)$ 时存在一个最优功率分配因子 α_{opt} 使得可达安全速率 R_S 最大化。考虑到 R_S 的凸函数特性，最优化功率分配 α_{opt} 可以由 $\dfrac{\mathrm{d}R_s}{\mathrm{d}\alpha} = 0$ 确定。其中，式 (4-14) 中 R_S 关于 α 的一阶导数为

$$\frac{\mathrm{d}R_s}{\mathrm{d}\alpha} = \frac{1}{2\log 2} \sum_{i=M}^{N_t} \left(\frac{\frac{\lambda^2 P}{L}\eta_{\mathrm{d},i}^2}{1 + \frac{\alpha\lambda^2 P}{L}\eta_{\mathrm{d},i}^2} - \frac{\frac{\lambda^2}{L} \cdot \eta_{\mathrm{r},i}^2}{(1-\alpha)^2 + \frac{\lambda^2}{L} \cdot \alpha(1-\alpha)\eta_{\mathrm{r},i}^2} \right) \tag{4-15}$$

4) 联合优化的迭代处理

从 $\boldsymbol{F}_S$ 的优化中可以看出，α 的取值影响构造 $\boldsymbol{F}_S$ 所选列向量的位置和数量。相反地，从式 (4-15) 可以发现，最优功率分配 α_{opt} 受 $\boldsymbol{F}_S$ 所选列向量的位置和数量的影响。α_{opt} 和 $\boldsymbol{F}_S$ 两个参数是相互关联的。为了消除这两个参数的耦合，提出了一个迭代算法，通过对源节点的预编码矩阵 $\boldsymbol{F}_S$ 和功率分配因子 α 进行联合优化，从而最大化系统安全速率。算法 4-1 总结了 DAJ 方案中联合波束形成和最优功率分配优化算法的伪代码 (单向)。

算法 4-1　　DAJ 方案中联合波束形成和最优功率分配优化算法的伪代码 (单向)

1. 设置功率分配因子的初始条件，$\alpha_0 = 0.5$，i 表示迭代的次数，$i \in [1, N]$。N 是迭代的最大次数，通常为 10。

2. 基于匹配滤波预编码器，构造干扰预编码器为 $\boldsymbol{F}_D = \dfrac{\sqrt{N_t}}{\|\boldsymbol{G}\|_{\mathrm{F}}} \boldsymbol{G}^{\mathrm{H}}$。

3. 在式 (4-9) 中，运用 GSVD 联合分解 $\boldsymbol{S}_D$ 和 $\boldsymbol{S}_{\bar{\mathrm{R}}}$，从而得到 $\boldsymbol{K}$。

for $i = 1 : N$ **do**

　　$\alpha \leftarrow \alpha_{i-1}$;

　　$L \leftarrow \eta_{\mathrm{d},i}^2 > \dfrac{1}{(1-\alpha)P}\eta_{\mathrm{r},i}^2$;

　　按照式 (4-13)，利用 $\boldsymbol{K}$ 和 L 构造 $\boldsymbol{F}_s^{i-1}$;

　　$\boldsymbol{F}_S \leftarrow \boldsymbol{F}_S^{i-1}$;

　　根据式 (4-14)，利用 $\boldsymbol{F}_S$ 和 $\boldsymbol{F}_D$ 计算 R_s^{i-1}

　　$\alpha_i \leftarrow \mathrm{Roots}\left\{ \dfrac{\mathrm{d}R_s^{i-1}}{\mathrm{d}\alpha} = 0 \right\}$;

```
        if |αᵢ − αᵢ₋₁| ⩽ ε then
            //其中 ε 是一个足够小的正数, 它决定迭代优化的准确性
            //设置 ε = 0.001;
            Break;
        end if
    end for
```

4.2.3　一种特殊情况——等功率分配的讨论

在本小节, 为了展现所提算法在系统性能方面的提升, 讨论另外一种功率分配方案——等功率分配的 AF 中继 (AF-relaying with equal power allocation, AF-EPA)。此时 $\alpha = 0.5$, 式 (4-12) 所示的安全速率可进一步简化为

$$R_{\mathrm{s}} = \frac{1}{2} \log_2 \prod_{i=M}^{N_{\mathrm{t}}} \left(1 + \frac{\frac{\lambda^2 P}{2L} \eta_{\mathrm{d},i}^2 - \frac{\lambda^2}{L} \eta_{\mathrm{r},i}^2}{1 + \frac{\lambda^2}{L} \eta_{\mathrm{r},i}^2} \right) \tag{4-16}$$

基于 $\boldsymbol{F}_{\mathrm{S}}$ 的优化中的 $\boldsymbol{F}_{\mathrm{S}}$ 构造方法, 式 (4-16) 中参数 M 由 $\eta_{\mathrm{d},M}^2 > \frac{2}{P} \eta_{\mathrm{r},M}^2$ 且 $\eta_{\mathrm{d},M-1}^2 \leqslant \frac{2}{P} \eta_{\mathrm{r},M-1}^2$ 确定。

4.2.4　复杂度分析

本小节简单分析一下算法 4-1 的复杂度。算法 4-1 中的计算复杂度主要来自 GSVD 分解操作和基于式 (4-15) 的方程求根操作。由文献 [37] 可知, GSVD 的计算复杂度为 $\mathcal{O}\left((N_{\mathrm{t}} + N_{\mathrm{r}}) \times N_{\mathrm{t}}^2\right)$。本书中, 设置对式 (4-15) 求根的搜索步长为 $\Delta\alpha = 0.001$, 这样, 求根操作的乘法运算次数为 $(6 \times (N_{\mathrm{t}} - M + 1) \times 1000 \times N)$, 其中, N 为最大迭代次数, 6 表明完成一步搜索需要进行 6 次乘法运算。

4.2.5　仿真结果与分析

本小节给出部分数值仿真结果以验证本节所提方案的性能提升。假设信道矩阵 $\boldsymbol{H}$ 和 $\boldsymbol{G}$ 中的所有元素都是服从 $\mathcal{CN}(0,1)$ 分布的复随机变量。每次仿真的性能评估均是针对 10000 个独立的衰落信道的平均值。源节点 S、中继节点 R 和目的节点 D 的天线配置用向量 $(N_{\mathrm{t}}, N_{\mathrm{r}}, N_{\mathrm{t}})$ 表示。而且, 在所有的仿真中, 设置 $N_{\mathrm{r}} > N_{\mathrm{t}}$

来保证最大的多路复用增益。另外，目的节点 D 采用匹配滤波预编码器发射协作干扰信号，增强对不可信中继信号接收的干扰效果。

针对天线配置为 $(6, 8, 6)$ 的场景，图 4-2 比较了不同波束形成方案的可达安全速率。为了进行性能对比，这里引入了两个发射预编码方案：① 全向波束形成在所有方向等功率地发射有用信号；② 随机波束形成在一个随机方向上发射有用信号。由图 4-2 可以看出，在所有信噪比条件下，所提波束形成方案的预编码器可达安全速率最大；而随机波束形成对应的安全速率最小，由于它的波束形成随机指向一个方向，中继节点可能收不到或接收到很弱的有用信号。在式 (4-2) 中，为了方便计算，对 $\sigma_{\mathrm{r}}^2 \boldsymbol{I}_{N_{\mathrm{r}}}$ 进行了近似处理，对于这个方案，记为近似波束形成。可以看出，不管在高信噪比或低信噪比条件下，近似处理带来的误差都是可接受的，证明了这一近似是可行的。

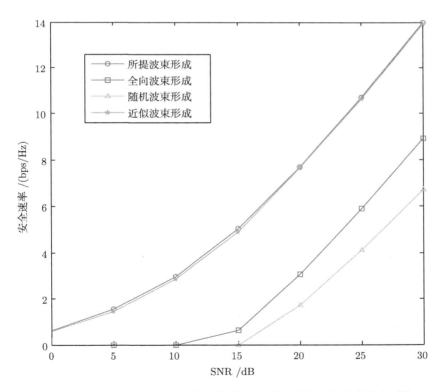

图 4-2　天线配置为 $(6, 8, 6)$ 时，不同波束形成方案的可达安全速率对比

　　图 4-3 对比了 $N_r = 8$ 时, 不同信噪比条件下所提方案的可达安全速率。可以看出, 随着信噪比的增加, 安全速率也会增加。进一步, 在图 4-4 中, 对比了 $N_r = 8$ 时不同 N_t 条件下所提方案的可达安全速率。可以看出, 随着 N_t 的增加, 可达安全速率显著的提升。这一提升主要的原因在于, 源节点 S 和目的节点 D 安装更多的天线, 使得 S 和 D 具有更大的自由度, 有利于形成更窄的、指向更精确的、增益更大的波束。虽然随着 N_t 的增加, 中继节点 R 接收到来自 S 和 D 的信号同时增强, 但总体上信干噪比改善不明显。因此, R 可获得的窃听速率仍然很小, 保证了系统的安全性。而且由式 (4-3) 可以看出, D 可以通过完全的自干扰消除, 并利用更大的 $\boldsymbol{H}$ 和 $\boldsymbol{G}$ 的信道增益, 提高有用信息的信噪比, 最终获得系统安全速率的有效提升。

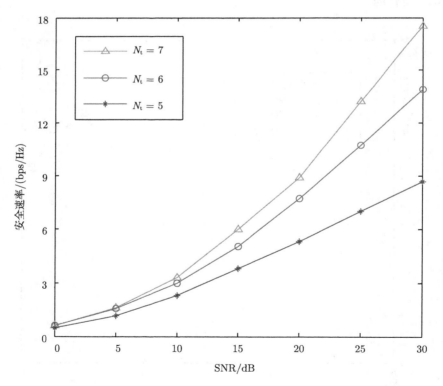

图 4-3 $N_r = 8$ 时, 不同信噪比条件下所提方案的可达安全速率

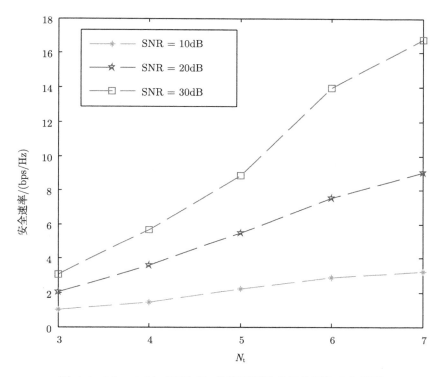

图 4-4 $N_r = 8$ 时，不同 N_t 条件下所提方案的可达安全速率

图 4-5 和图 4-6 对比了 $N_t = 6$ 时，不同信噪比和不同 N_r 条件下所提方案的可达安全速率。可以看出，随着信噪比的增加，安全速率也会增加。但是，随着 N_r 的增加，可达安全速率显著降低了。原因是：当中继节点 R 安装更多的天线时，R 的窃听能力更强，获得的窃听速率更大。然而在第二个时隙，中继节点 R 不采用任何的波束形成，对于目的节点 D 来说，可获得的容量变化不大，或改善很小。总体来说，系统的可达安全速率是降低的。

图 4-7 比较了在天线配置为 $(6, 8, 6)$ 时，所提的方案、等功率分配方案以及文献 [30] 中所提方案的性能。在文献 [30] 中，针对单向协作干扰网络，Kuhestani 等提出了最大比率传输 (maximum-ratio transmission, MRT) 波束形成和功率分配的联合优化方案。然而，MRT 波束形成只能应用在源节点以最大化中继节点的接收信噪比。从中可以很容易看出，所提的方案具有最好的性能。性能最优的原因主要包括：

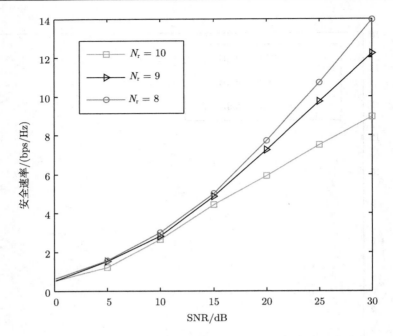

图 4-5　$N_t = 6$ 时，不同信噪比条件下所提方案的可达安全速率

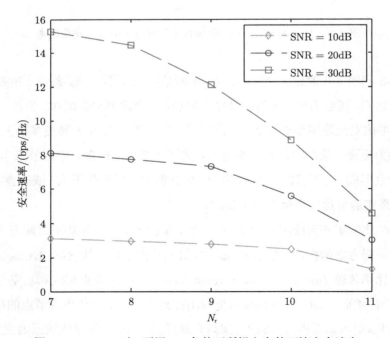

图 4-6　$N_t = 6$ 时，不同 N_r 条件下所提方案的可达安全速率

① 设计了源节点和目的节点的波束形成方案,有效地利用了有限的发射功率;
② 采用 GSVD 进行预编码设计,使得发射信号更加聚焦在有效的方向上,可以获得比 MRT 更好的性能。进一步考虑等功率分配方案,可以看出所提方案的优势。但是,所提方案的性能提升是以牺牲计算复杂度实现的。

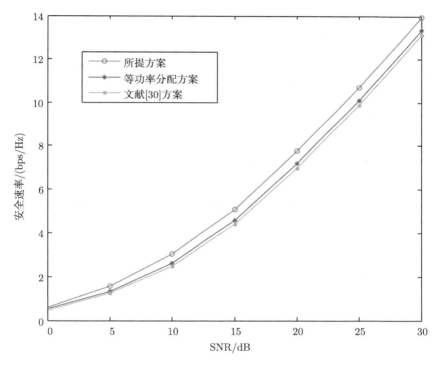

图 4-7 天线配置为 (6, 8, 6) 时,不同方案可达安全速率比较

图 4-8 验证了当 $N_t = 6$ 和 $N_r = 8$ 时,算法 4-1 在不同信噪比条件下的收敛性。从图 4-8 中可以得出,功率分配因子 α 仅在 3~4 次迭代后就能收敛到最优值。而且,随着信噪比的增加,收敛速度更快。在低信噪比条件下,噪声功率很大,对 α 的影响也很大,因此需要更多的迭代来平滑消除噪声影响。在图 4-9 中,绘制了 SNR $= 10$dB、$N_t = 6$、$N_r = 8$ 时,100 个信道实现下的功率分配因子。可以看出,不同信道对应的功率分配因子 α 波动范围不大,且具有相同变化和收敛趋势。

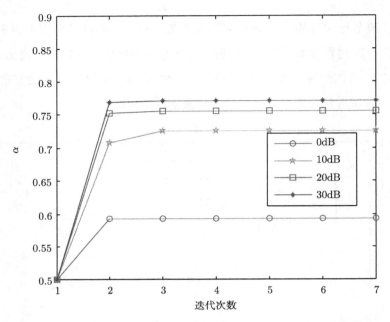

图 4-8　$N_t = 6$ 和 $N_r = 8$ 时，不同信噪比下的算法 4-1 的收敛性

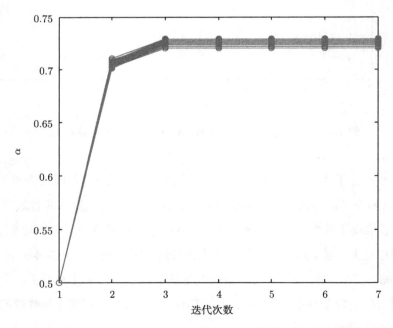

图 4-9　SNR = 10dB、$N_t = 6$、$N_r = 8$ 时，100 个信道实现下的功率分配因子 α

针对单向多天线不可信中继网络，本节研究了基于波束形成和功率分配的联合优化方案，目的节点协助干扰技术被用于增强物理层安全性能。由于功率有限，在源节点发送有用信号和目的节点发送协作干扰信号之间进行了功率优化。首先，构造了协作干扰信号的匹配滤波预编码器，有效聚焦协作干扰信号。同时，基于 GSVD 设计了有用信号发射预编码器，将有用信号对齐到等效信道上。然后，证明了最优功率分配的存在性，提出求解方法。最后，提出联合波束形成和功率分配的迭代优化算法，并进行了数值仿真，结果也验证本节所提算法能够有效提高网络的可达安全速率。

4.3 双向、多天线不可信中继网络中波束形成和功率分配的联合优化方案

针对 4.2.1 小节的系统模型进一步复杂化，本节考虑系统中包含两个多天线的用户，进行双向数据传输，互为协作干扰信号发射节点。针对这一系统，需要设计一个有效的通信方案，进而开展波束形成和功率分配的联合优化，在保证传输安全性，即不被不可信中继节点截获、窃听有效信息的同时，最大化系统可达安全和速率。

4.3.1 双向、多天线不可信中继网络系统模型和信号模型

现考虑一个包含两个用户 (A 和 B) 和不可信中继节点 R 的双向放大一转发网络。由于长距离传输或阴影效应，两个用户之间不存在直传链路，因此用户 A 和用户 B 之间的通信链路只能通过不可信中继节点 R 建立，所有节点工作在全双工 (full duplex, FD) 模式下。假定信号的接收和发射之间是完全隔离的，稍后将给出详细的说明。假设用户 A 和用户 B 分别配置有 N_t 根天线，R 有 N_r 根天线，假设 $N_r > N_t$ 来确保充分的复用增益。每个用户的传输需要经过两个阶段 (广播阶段和中继阶段)。任何两个节点之间的无线链路服从平坦准静态瑞利块衰落，且信道增益在连续两个阶段内保持不变。

为避免用户信息被 R 破解，同时实现双向传输，提出一种协作干扰方案，如图 4-10 所示。

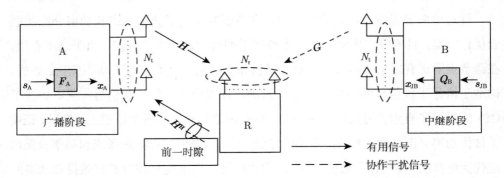

(a) 在奇时隙中，A工作在广播阶段，B工作在中继阶段，R转发前一时隙收到的信号

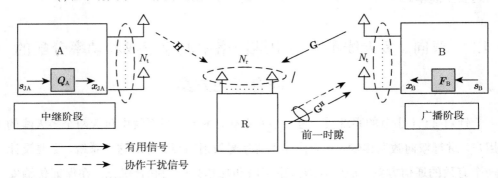

(b) 在偶时隙中，A工作在中继阶段，B工作在广播阶段，R转发前一时隙接收到的信号

图 4-10　基于目的节点协助干扰的双向中继传输方案

　　如前所述，每个用户的传输需要两个阶段：广播阶段和中继阶段。在奇时隙，即用户 A 的广播阶段 (用户 B 的中继阶段)，用户 A 发送有用符号向量 s_A 给中继节点 R，同时用户 B 向中继节点 R 发送协作干扰符号向量 (即人工噪声)s_{JB}。相反，在偶时隙，即用户 A 的中继阶段 (用户 B 的广播阶段)，用户 A 发送协作干扰符号向量 s_{JA} 给中继节点 R，同时用户 B 发送自己的有用符号 s_A 给中继节点 R。假设 $x_A = F_A s_A \in \mathbb{C}^{N_t \times 1}$ 是用户 A 在广播阶段发送的信号向量，其中 $s_A \in \mathbb{C}^{L_A \times 1}$ 是有用符号向量，$F_A \in \mathbb{C}^{N_t \times L_A}$ 表示用户 A 的发送预编码矩阵。同样，$x_B = F_B s_B \in \mathbb{C}^{N_t \times 1}$ 是用户 B 在广播阶段发送的信号向量，$s_B \in \mathbb{C}^{L_B \times 1}$ 是有用符号向量，$F_B \in \mathbb{C}^{N_t \times L_B}$ 表示用户 B 的发送预编码矩阵。用户 A 和用户 B 发射的符号向量维度 L_A 和 L_B 在后面分析。同时，来自用户 A 和用户 B 中继阶段发送的协作干扰信号向量分别定义为 $x_{JA} = Q_A s_{JA} \in \mathbb{C}^{N_t \times 1}$ 和 $x_{JB} = Q_B s_{JB} \in$

$\mathbb{C}^{N_t \times 1}$，其中 $s_{JA} \in \mathbb{C}^{N_t \times 1}$ 和 $s_{JB} \in \mathbb{C}^{N_t \times 1}$ 是协作干扰符号向量；$\boldsymbol{Q}_A \in \mathbb{C}^{N_t \times N_t}$ 和 $\boldsymbol{Q}_B \in \mathbb{C}^{N_t \times N_t}$ 分别表示用户 A 和用户 B 发送协作干扰信号的预编码矩阵。为了方便后面的叙述和推导，假设有用符号和协作干扰符号的功率均为归一化的，即 $\mathbb{E}\left[s_A s_A^H\right] = \boldsymbol{I}_{L_A}, \mathbb{E}\left[s_B s_B^H\right] = \boldsymbol{I}_{L_B}$，$\mathbb{E}\left[s_{JA} s_{JA}^H\right] = \mathbb{E}\left[s_{JB} s_{JB}^H\right] = \boldsymbol{I}_{N_t}$。

假设 P_A 和 P_B 分别是用户 A 和用户 B 在两个连续时隙总的发送功率；$\alpha \in [0,1]$ 和 $\beta \in [0,1]$ 分别是用户 A 和用户 B 的功率分配因子，即对于两个连续时隙，用户 A 发送有用信号和协作干扰信号的功率分别为 αP_A 和 $(1-\alpha)P_A$，用户 B 发送有用信号和协作干扰信号的功率分别为 βP_B 和 $(1-\beta)P_B$。

需要注意的是，考虑双向传输时，假设用户 A 和用户 B 在连续两个时隙的总功率固定，功率分配是针对两个阶段自身发射有用信号功率和协作干扰信号功率之间的调整。而在 4.2 节的单向传输，假设源节点 S 和目的节点 D 总的发射功率固定，功率分配是针对源节点 S 发射有用信号和目的节点 D 发射协作干扰信号之间的调整。这两种应用场景不同。

对于 MIMO 信道矩阵，$\boldsymbol{H} \in \mathbb{C}^{N_r \times N_t}$ 和 $\boldsymbol{G} \in \mathbb{C}^{N_r \times N_t}$ 分别是从用户 A 到中继节点 R 和从用户 B 到中继节点 R 的多天线信道矩阵。在此传输过程中，假设信道具有互易性[32]，则从中继节点 R 到用户 A 和从中继节点 R 到用户 B 的信道矩阵可以分别表示为 $\boldsymbol{H}^H$ 和 $\boldsymbol{G}^H$。基于前面所述的传输过程，中继节点 R 接收的信号向量 $\mathbf{y}_R \in \mathbb{C}^{N_r \times 1}$ 可以表示为

$$\mathbf{y}_R^{(e)} = \boldsymbol{H}(1-\alpha)P_A \boldsymbol{x}_{JA} + \boldsymbol{G}\beta P_B \boldsymbol{x}_B + \boldsymbol{n}_R \qquad (4\text{-}17)$$

$$\mathbf{y}_R^{(o)} = \boldsymbol{H}\alpha P_A \boldsymbol{x}_A + \boldsymbol{G}(1-\beta)P_B \boldsymbol{x}_{JB} + \boldsymbol{n}_R \qquad (4\text{-}18)$$

其中，$\boldsymbol{n}_R \sim \mathcal{CN}(\boldsymbol{0}, \sigma_R^2 \boldsymbol{I}_{N_r})$ 表示 R 接收到的复加性高斯白噪声向量，后续用上/下标 e 和 o 分别表示偶时隙和奇时隙。在偶时隙，式 (4-17) 中，$\boldsymbol{G}\beta P_B \boldsymbol{x}_B$ 和 $\boldsymbol{H}(1-\alpha)P_A \boldsymbol{x}_{JA}$ 分别表示中继节点 R 接收到的来自用户 B 的有用信号和来自用户 A 的协作干扰信号。同理，在奇时隙，式 (4-18) 中 $\boldsymbol{H}\alpha P_A \boldsymbol{x}_A$ 和 $\boldsymbol{G}(1-\beta)P_B \boldsymbol{x}_{JB}$ 分别表示中继节点 R 接收到的来自用户 A 的有用信号和来自用户 B 的协作干扰信号。基于 MIMO 传输的可达速率[38]，在偶时隙，针对用户 B 的有用信号，中继节点 R 的可达速率可以表示为

$$R_{\mathrm{R}}^{(\mathrm{e})} = \frac{1}{2}\log_2 \left| I + \frac{\beta P_{\mathrm{B}}}{(1-\alpha)P_{\mathrm{A}}} \left(HQ_{\mathrm{A}}Q_{\mathrm{A}}^{\mathrm{H}}H^{\mathrm{H}} \right)^{-\frac{1}{2}} \right.$$
$$\left. GF_{\mathrm{B}}F_{\mathrm{B}}^{\mathrm{H}} \left(\left[HQ_{\mathrm{A}}Q_{\mathrm{A}}^{\mathrm{H}}H^{\mathrm{H}} \right]^{-\frac{1}{2}} G \right)^{\mathrm{H}} \right| \tag{4-19}$$

其中，系数 $\frac{1}{2}$ 表示一次传输需要分两个阶段。另外需要注意的是，如同式 (4-2)，在式 (4-19) 中，假设信噪比较高，忽略了噪声的影响。进一步地，通过定义 $\boldsymbol{\Psi}_{\mathrm{e}} = \left[HQ_{\mathrm{A}}Q_{\mathrm{A}}^{\mathrm{H}}H^{\mathrm{H}} \right]^{-\frac{1}{2}} G$，在偶时隙，中继节点 R 的可达速率可简化为

$$R_{\mathrm{R}}^{(\mathrm{e})} = \frac{1}{2}\log_2 \left| I + \frac{\beta P_{\mathrm{B}}}{(1-\alpha)P_{\mathrm{A}}} \boldsymbol{\Psi}_{\mathrm{e}} F_{\mathrm{B}} F_{\mathrm{B}}^{\mathrm{H}} \boldsymbol{\Psi}_{\mathrm{e}}^{\mathrm{H}} \right| \tag{4-20}$$

为了在每个节点实现更多的空间传输流，可通过联合优化设计发送和接收预编码矩阵位于正交子空间中 [39]，以此来实现一个近似的完全隔离，发送和接收预编码矩阵可以在理想条件下被共同优化。因此，假设发送和接收信道中所有节点完全分离。由图 4-10(a) 描述的过程可知，在中继节点工作 FD 模式下，它会将上个时隙接收到的信号转发出去。如同 4.2.1 小节分析，假定中继节点 R 具有稳定的、足够的功率供给，放大–转发接收到的信号时在所有方向上都采用固定为 1 的增益。因此，在奇时隙，用户 A 接收到的信号向量 $\boldsymbol{y}_{\mathrm{A}} \in \mathbb{C}^{N_t \times 1}$ 可以表示为

$$\boldsymbol{y}_{\mathrm{A}} = \boldsymbol{H}^{\mathrm{H}} \boldsymbol{y}_{\mathrm{R}}^{(\mathrm{e})} + \boldsymbol{n}_{\mathrm{A}}$$
$$= \boldsymbol{H}^{\mathrm{H}} \boldsymbol{G}\beta P_{\mathrm{B}} \boldsymbol{x}_{\mathrm{B}} + \boldsymbol{H}^{\mathrm{H}} \boldsymbol{H}(1-\alpha)P_{\mathrm{A}} \boldsymbol{x}_{\mathrm{JA}} + \boldsymbol{H}^{\mathrm{H}} \boldsymbol{n}_{\mathrm{R}} + \boldsymbol{n}_{\mathrm{A}} \tag{4-21}$$

其中，$\boldsymbol{y}_{\mathrm{R}}^{(\mathrm{e})}$ 表示 R 在偶时隙的接收信号向量如式 (4-17) 所示；$\boldsymbol{n}_{\mathrm{A}} \sim \mathcal{CN}(\boldsymbol{0}, \sigma_{\mathrm{A}}^2 \boldsymbol{I}_{N_t})$ 表示 A 接收到的复加性高斯白噪声向量。而且，式 (4-21) 中的第二项表示自干扰项，即 $\boldsymbol{x}_{\mathrm{JA}}$ 是用户 A 在前一时隙发送的协作干扰信号。假设用户 A 具有完美的信道状态信息，则自干扰项可以完全消除。式 (4-21) 中接收信号向量可以转换为

$$\boldsymbol{y}_{\mathrm{A}} = \boldsymbol{H}^{\mathrm{H}} \boldsymbol{G}\beta P_{\mathrm{B}} \boldsymbol{x}_{\mathrm{B}} + \boldsymbol{H}^{\mathrm{H}} \boldsymbol{n}_{\mathrm{R}} + \boldsymbol{n}_{\mathrm{A}} \tag{4-22}$$

因此，在奇时隙，用户 A 的可达速率 R_{A} 可计算为

$$R_{\mathrm{A}} = \frac{1}{2}\log_2 \left| I + \beta P_{\mathrm{B}} \left(\boldsymbol{H}^{\mathrm{H}} \boldsymbol{H}\sigma_{\mathrm{R}}^2 + \sigma_{\mathrm{A}}^2 \boldsymbol{I} \right)^{-\frac{1}{2}} \right.$$

$$\boldsymbol{H}^{\mathrm{H}}\boldsymbol{G}\boldsymbol{F}_{\mathrm{B}}\boldsymbol{F}_{\mathrm{B}}^{\mathrm{H}}\left(\left(\boldsymbol{H}^{\mathrm{H}}\boldsymbol{H}\sigma_{\mathrm{R}}^2 + \sigma_{\mathrm{A}}^2\boldsymbol{I}\right)^{-\frac{1}{2}}\boldsymbol{H}^{\mathrm{H}}\boldsymbol{G}\right)^{\mathrm{H}}\Bigg| \tag{4-23}$$

为了简化表达式，令 $\boldsymbol{\Phi}_{\mathrm{A}} = \left(\boldsymbol{H}^{\mathrm{H}}\boldsymbol{H}\sigma_{\mathrm{R}}^2 + \sigma_{\mathrm{A}}^2\boldsymbol{I}\right)^{-\frac{1}{2}}\boldsymbol{H}^{\mathrm{H}}\boldsymbol{G}$，那么 R_{A} 可以表示为

$$R_{\mathrm{A}} = \frac{1}{2}\log_2\left|\boldsymbol{I} + \beta P_{\mathrm{B}}\boldsymbol{\Phi}_{\mathrm{A}}\boldsymbol{F}_{\mathrm{B}}\boldsymbol{F}_{\mathrm{B}}^{\mathrm{H}}\boldsymbol{\Phi}_{\mathrm{A}}^{\mathrm{H}}\right| \tag{4-24}$$

同理，在奇时隙，针对用户 A 的有用信号，R 的可达速率可以表示为

$$R_{\mathrm{R}}^{(\mathrm{o})} = \frac{1}{2}\log_2\left|\boldsymbol{I} + \frac{\alpha P_{\mathrm{A}}}{(1-\beta)P_{\mathrm{B}}}\left(\boldsymbol{G}\boldsymbol{Q}_{\mathrm{B}}\boldsymbol{Q}_{\mathrm{B}}^{\mathrm{H}}\boldsymbol{G}^{\mathrm{H}}\right)^{-\frac{1}{2}}\right.$$
$$\left.\boldsymbol{H}\boldsymbol{F}_{\mathrm{A}}\boldsymbol{F}_{\mathrm{A}}^{\mathrm{H}}\left(\left[\boldsymbol{G}\boldsymbol{Q}_{\mathrm{B}}\boldsymbol{Q}_{\mathrm{B}}^{\mathrm{H}}\boldsymbol{G}^{\mathrm{H}}\right]^{-\frac{1}{2}}\boldsymbol{H}\right)^{\mathrm{H}}\right| \tag{4-25}$$

令 $\boldsymbol{\Psi}_{\mathrm{o}} = \left[\boldsymbol{G}\boldsymbol{Q}_{\mathrm{B}}\boldsymbol{Q}_{\mathrm{B}}^{\mathrm{H}}\boldsymbol{G}^{\mathrm{H}}\right]^{-\frac{1}{2}}\boldsymbol{H}$，式 (4-25) 可以简化为

$$R_{\mathrm{R}}^{(\mathrm{o})} = \frac{1}{2}\log_2\left|\boldsymbol{I} + \frac{\alpha P_{\mathrm{A}}}{(1-\beta)P_{\mathrm{B}}}\boldsymbol{\Psi}_{\mathrm{o}}\boldsymbol{F}_{\mathrm{A}}\boldsymbol{F}_{\mathrm{A}}^{\mathrm{H}}\boldsymbol{\Psi}_{\mathrm{o}}^{\mathrm{H}}\right| \tag{4-26}$$

在同样的假设下，在偶时隙，用户 B 接收到的信号向量 $\boldsymbol{y}_{\mathrm{B}} \in \mathbb{C}^{N_t \times 1}$ 可以表示为

$$\boldsymbol{y}_{\mathrm{B}} = \boldsymbol{G}^{\mathrm{H}}\boldsymbol{y}_{\mathrm{R}}^{(\mathrm{o})} + \boldsymbol{n}_{\mathrm{B}}$$

$$= \boldsymbol{G}^{\mathrm{H}}\boldsymbol{H}\alpha P_{\mathrm{A}}\boldsymbol{x}_{\mathrm{A}} + \boldsymbol{G}^{\mathrm{H}}\boldsymbol{G}(1-\beta)P_{\mathrm{B}}\boldsymbol{x}_{\mathrm{JB}} + \boldsymbol{G}^{\mathrm{H}}\boldsymbol{n}_{\mathrm{R}} + \boldsymbol{n}_{\mathrm{B}}$$

$$= \boldsymbol{G}^{\mathrm{H}}\boldsymbol{H}\alpha P_{\mathrm{A}}\boldsymbol{x}_{\mathrm{A}} + \boldsymbol{G}^{\mathrm{H}}\boldsymbol{n}_{\mathrm{R}} + \boldsymbol{n}_{\mathrm{B}} \tag{4-27}$$

其中，$\boldsymbol{y}_{\mathrm{R}}^{(\mathrm{o})}$ 表示 R 在奇时隙的接收信号向量如式 (4-18) 所示；$\boldsymbol{n}_{\mathrm{B}} \sim \mathcal{CN}(\boldsymbol{0}, \sigma_{\mathrm{B}}^2\boldsymbol{I}_{N_t})$ 表示 B 接收到的复加性高斯白噪声向量。最后一个等式是基于理想自干扰消除得到的，则用户 B 的可达速率可以表示为

$$R_{\mathrm{B}} = \frac{1}{2}\log_2\left|\boldsymbol{I} + \alpha P_{\mathrm{A}}\left(\boldsymbol{G}^{\mathrm{H}}\boldsymbol{G}\sigma_{\mathrm{R}}^2 + \sigma_{\mathrm{B}}^2\boldsymbol{I}\right)^{-\frac{1}{2}}\right.$$
$$\left.\boldsymbol{G}^{\mathrm{H}}\boldsymbol{H}\boldsymbol{F}_{\mathrm{A}}\boldsymbol{F}_{\mathrm{A}}^{\mathrm{H}}\left(\left(\boldsymbol{G}^{\mathrm{H}}\boldsymbol{G}\sigma_{\mathrm{R}}^2 + \sigma_{\mathrm{B}}^2\boldsymbol{I}\right)^{-\frac{1}{2}}\boldsymbol{G}^{\mathrm{H}}\boldsymbol{H}\right)^{\mathrm{H}}\right| \tag{4-28}$$

令 $\boldsymbol{\Phi}_{\mathrm{B}} = \left(\boldsymbol{G}^{\mathrm{H}}\boldsymbol{G}\sigma_{\mathrm{R}}^2 + \sigma_{\mathrm{B}}^2\boldsymbol{I}\right)^{-\frac{1}{2}}\boldsymbol{G}^{\mathrm{H}}\boldsymbol{H}$，B 处的速率可以简化为

$$R_{\mathrm{B}} = \frac{1}{2}\log_2\left|\boldsymbol{I} + \alpha P_{\mathrm{A}}\boldsymbol{\Phi}_{\mathrm{B}}\boldsymbol{F}_{\mathrm{A}}\boldsymbol{F}_{\mathrm{A}}^{\mathrm{H}}\boldsymbol{\Phi}_{\mathrm{B}}^{\mathrm{H}}\right| \tag{4-29}$$

4.3.2　优化问题定义

在 DAJ 方案中，优化每个用户发送有用信号和协作干扰信号的波束形成和功率分配是一个重要的问题。本小节旨在通过调整功率分配、聚焦有用信号和协作干扰信号，最大限度地提高双向不可信中继网络的总安全速率。从这个观点出发，根据文献 [40] 中对总安全速率的定义，并运用式 (4-19)、式 (4-24)、式 (4-25) 和式 (4-29)，两个时隙的安全速率可以定义为

$$R_{\mathrm{s}} = \left[R_{\mathrm{B}} + R_{\mathrm{A}} - \left(R_{\mathrm{R}}^{(\mathrm{e})} + R_{\mathrm{R}}^{(\mathrm{o})} \right) \right]^{+} \tag{4-30}$$

其中 $[\cdot]^{+} = \max\{0, \cdot\}$。根据式 (4-30) 的安全速率，优化问题可以定义为

$$\max_{\alpha, \beta, \boldsymbol{F}_{\mathrm{A}}, \boldsymbol{F}_{\mathrm{B}}, \boldsymbol{Q}_{\mathrm{A}}, \boldsymbol{Q}_{\mathrm{B}}} R_{\mathrm{s}} \tag{4-31a}$$

$$\mathrm{s.t.} \quad \alpha \in [0, 1] \tag{4-31b}$$

$$\beta \in [0, 1] \tag{4-31c}$$

$$\mathrm{Tr}\left(\boldsymbol{F}_{\mathrm{A}} \boldsymbol{F}_{\mathrm{A}}^{\mathrm{H}} \right) \leqslant 1 \tag{4-31d}$$

$$\mathrm{Tr}\left(\boldsymbol{F}_{\mathrm{B}} \boldsymbol{F}_{\mathrm{B}}^{\mathrm{H}} \right) \leqslant 1 \tag{4-31e}$$

$$\mathrm{Tr}\left(\boldsymbol{Q}_{\mathrm{A}} \boldsymbol{Q}_{\mathrm{A}}^{\mathrm{H}} \right) \leqslant 1 \tag{4-31f}$$

$$\mathrm{Tr}\left(\boldsymbol{Q}_{\mathrm{B}} \boldsymbol{Q}_{\mathrm{B}}^{\mathrm{H}} \right) \leqslant 1 \tag{4-31g}$$

其中，式 (4-31b) 和式 (4-31c) 分别表示了 A 和 B 的功率分配约束；式 (4-31d) 和式 (4-31e) 分别表示了有用信号的发送预编码矩阵约束；式 (4-31f) 和式 (4-31g) 分别表示了干扰信号的发送预编码矩阵约束。需要说明的是，在计算相关速率时，式 (4-19)、式 (4-23)、式 (4-25) 和式 (4-28) 已经考虑了天线的增益，因此这里都已经归一化了。

显然，优化问题式 (4-31) 的目标函数是对数比率问题的总和，每个比率描述了单向传输链路 (A-R-B 或 B-R-A) 的可达安全速率。很明显，目标函数是功率分配变量 (α 和 β) 和波束形成变量 ($\boldsymbol{F}_{\mathrm{A}}$、$\boldsymbol{F}_{\mathrm{B}}$、$\boldsymbol{Q}_{\mathrm{A}}$ 和 $\boldsymbol{Q}_{\mathrm{B}}$) 的非凹函数。此外，注意到针对传输链路 A-R-B，α 和 $1 - \beta$ 与 $\boldsymbol{F}_{\mathrm{A}}$ 和 $\boldsymbol{Q}_{\mathrm{B}}$ 相互关联；针对传输链路 B-R-A，$1 - \alpha$

和 β 与 $\boldsymbol{F}_\mathrm{B}$ 和 $\boldsymbol{Q}_\mathrm{A}$ 有类似的关联关系。功率分配会直接影响合法信号和窃听信号的质量。针对如式 (4-31) 所示的非凸性的优化问题，目前还没有一个系统方法进行求解。现将如式 (4-31) 所示的非凸性优化问题的求解转化为两个等价子问题的求解。首先，研究给定功率分配下聚焦有效信号和干扰信号波束形成优化设计方案。然后，利用设计好的波束形成，迭代优化两个用户的功率分配方案。最后，再用一个迭代算法来实现功率分配和波束形成的联合优化。

4.3.3　波束形成

先固定功率分配方案 (α 和 β)，优化设计发送预编码矩阵。根据系统模型，每个用户在广播阶段发送有用信号，在中继阶段发送协作干扰信号。有用信号需要聚焦在等效 A-R-B 链路或等效 B-R-A 链路中，而到达不可信中继节点的干扰信号功率需要足够高，才能避免中继节点的窃听操作，进而最大化每条传输路径的安全速率。

1. 协作干扰预编码矩阵

从式 (4-17) 和式 (4-18) 可以看出，协作干扰信号的发送预编码矩阵直接影响中继节点 R 的可达速率，进而影响整个系统的可达安全速率。然而，从式 (4-22) 和式 (4-27) 可以进一步看出，由于每个用户可以利用自干扰消除技术完全消除上个时隙自己发送的协作干扰信号。因此，协作干扰信号的预编码矩阵对用户 A 和用户 B 的可达速率没有影响。由式 (4-30) 可以发现，最小化中继节点 R 的可达速率有助最大化安全速率。基于此，简化协作干扰优化设计为：调整协作干扰信号发送预编码矩阵来聚焦协作干扰信号，最大化到达 R 的协作干扰功率。

事实上，通过优化设计协作干扰信号预编码矩阵 $\boldsymbol{Q}_\mathrm{A}$ 和 $\boldsymbol{Q}_\mathrm{B}$，使之分别位于由 $\boldsymbol{H}$ 和 $\boldsymbol{G}$ 的列向量张成的子空间中，中继节点 R 接收到的协作干扰信号将会增强，降低中继节点 R 对有用信号的可达速率，进而提高式 (4-30) 中的安全速率。已经知道，匹配滤波预编码矩阵可以使接收信号的 SNR 最大化，基于这个原理，设计协作干扰预编码器为 $\boldsymbol{Q}_\mathrm{A} = \lambda_\mathrm{A} \boldsymbol{H}^\mathrm{H}$ 和 $\boldsymbol{Q}_\mathrm{B} = \lambda_\mathrm{B} \boldsymbol{G}^\mathrm{H}$，其中，参数 λ_A 和 λ_B 是功率归一化因子，满足功率约束式 (4-31f) 和式 (4-31g)。因此，$\lambda_\mathrm{A} = \dfrac{1}{\|\boldsymbol{H}\|_\mathrm{F}}$ 和 $\lambda_\mathrm{B} = \dfrac{1}{\|\boldsymbol{G}\|_\mathrm{F}}$。因此，式 (4-20) 和式 (4-26) 中定义的中继节点可达的速率可以表示为

$$R_{\mathrm{R}}^{(\mathrm{e})} = \frac{1}{2}\log_2\left|\boldsymbol{I} + \frac{\beta P_{\mathrm{B}}}{(1-\alpha)P_{\mathrm{A}}}\boldsymbol{\Psi}_{\mathrm{e_{opt}}}\boldsymbol{F}_{\mathrm{B}}\boldsymbol{F}_{\mathrm{B}}^{\mathrm{H}}\boldsymbol{\Psi}_{\mathrm{e_{opt}}}^{\mathrm{H}}\right|$$

$$R_{\mathrm{R}}^{(\mathrm{o})} = \frac{1}{2}\log_2\left|\boldsymbol{I} + \frac{\alpha P_{\mathrm{A}}}{(1-\beta)P_{\mathrm{B}}}\boldsymbol{\Psi}_{\mathrm{o_{opt}}}\boldsymbol{F}_{\mathrm{A}}\boldsymbol{F}_{\mathrm{A}}^{\mathrm{H}}\boldsymbol{\Psi}_{\mathrm{o_{opt}}}^{\mathrm{H}}\right| \tag{4-32}$$

其中，$\boldsymbol{\Psi}_{\mathrm{e_{opt}}} = \left[\lambda_{\mathrm{A}}^2\boldsymbol{H}\boldsymbol{H}^{\mathrm{H}}\boldsymbol{H}\boldsymbol{H}^{\mathrm{H}}\right]^{-\frac{1}{2}}\boldsymbol{G}$；$\boldsymbol{\Psi}_{\mathrm{o_{opt}}} = \left[\lambda_{\mathrm{B}}^2\boldsymbol{G}\boldsymbol{G}^{\mathrm{H}}\boldsymbol{G}\boldsymbol{G}^{\mathrm{H}}\right]^{-\frac{1}{2}}\boldsymbol{H}$。将式 (4-32) 代入 (4-31) 中，式 (4-31) 中的优化问题固定功率分配条件下可简化为

$$\max_{\boldsymbol{F}_{\mathrm{A}},\boldsymbol{F}_{\mathrm{B}}} \quad R_{\mathrm{s}} = \frac{1}{2}\log_2 \frac{\left|\boldsymbol{I} + \alpha P_{\mathrm{A}}\boldsymbol{\Phi}_{\mathrm{B}}\boldsymbol{F}_{\mathrm{A}}\boldsymbol{F}_{\mathrm{A}}^{\mathrm{H}}\boldsymbol{\Phi}_{\mathrm{B}}^{\mathrm{H}}\right|}{\left|\boldsymbol{I} + \dfrac{\alpha P_{\mathrm{A}}}{(1-\beta)P_{\mathrm{B}}}\boldsymbol{\Psi}_{\mathrm{o_{opt}}}\boldsymbol{F}_{\mathrm{A}}\boldsymbol{F}_{\mathrm{A}}^{\mathrm{H}}\boldsymbol{\Psi}_{\mathrm{o_{opt}}}^{\mathrm{H}}\right|}$$

$$+ \frac{1}{2}\log_2 \frac{\left|\boldsymbol{I} + \beta P_{\mathrm{B}}\boldsymbol{\Phi}_{\mathrm{A}}\boldsymbol{F}_{\mathrm{B}}\boldsymbol{F}_{\mathrm{B}}^{\mathrm{H}}\boldsymbol{\Phi}_{\mathrm{A}}^{\mathrm{H}}\right|}{\left|\boldsymbol{I} + \dfrac{\beta P_{\mathrm{B}}}{(1-\alpha)P_{\mathrm{A}}}\boldsymbol{\Psi}_{\mathrm{e_{opt}}}\boldsymbol{F}_{\mathrm{B}}\boldsymbol{F}_{\mathrm{B}}^{\mathrm{H}}\boldsymbol{\Psi}_{\mathrm{e_{opt}}}^{\mathrm{H}}\right|} \tag{4-33}$$

$$\mathrm{s.t.} \quad \mathrm{Tr}\left(\boldsymbol{F}_{\mathrm{A}}\boldsymbol{F}_{\mathrm{A}}^{\mathrm{H}}\right) \leqslant 1$$

$$\mathrm{Tr}\left(\boldsymbol{F}_{\mathrm{B}}\boldsymbol{F}_{\mathrm{B}}^{\mathrm{H}}\right) \leqslant 1$$

2. 有用信号预编码矩阵

仔细分析优化问题式 (4-33) 中的目标函数，发现第一项只与 $\boldsymbol{F}_{\mathrm{A}}$ 优化有关，第二项只与 $\boldsymbol{F}_{\mathrm{B}}$ 的优化有关。为了使安全速率最大化，可以分别最大化每一项。因此，优化问题式 (4-33) 可以分为两个相似的优化子问题：

$$\max_{\boldsymbol{F}_{\mathrm{A}}} \quad T_{\mathrm{A}} = \frac{1}{2}\log_2 \frac{\left|\boldsymbol{I} + \alpha P_{\mathrm{A}}\boldsymbol{\Phi}_{\mathrm{B}}\boldsymbol{F}_{\mathrm{A}}\boldsymbol{F}_{\mathrm{A}}^{\mathrm{H}}\boldsymbol{\Phi}_{\mathrm{B}}^{\mathrm{H}}\right|}{\left|\boldsymbol{I} + \dfrac{\alpha P_{\mathrm{A}}}{(1-\beta)P_{\mathrm{B}}}\boldsymbol{\Psi}_{\mathrm{o_{opt}}}\boldsymbol{F}_{\mathrm{A}}\boldsymbol{F}_{\mathrm{A}}^{\mathrm{H}}\boldsymbol{\Psi}_{\mathrm{o_{opt}}}^{\mathrm{H}}\right|} \tag{4-34}$$

$$\mathrm{s.t.} \quad \mathrm{Tr}\left(\boldsymbol{F}_{\mathrm{A}}\boldsymbol{F}_{\mathrm{A}}^{\mathrm{H}}\right) \leqslant 1$$

和

$$\max_{\boldsymbol{F}_{\mathrm{B}}} \quad T_{\mathrm{B}} = \frac{1}{2}\log_2 \frac{\left|\boldsymbol{I} + \beta P_{\mathrm{B}}\boldsymbol{\Phi}_{\mathrm{A}}\boldsymbol{F}_{\mathrm{B}}\boldsymbol{F}_{\mathrm{B}}^{\mathrm{H}}\boldsymbol{\Phi}_{\mathrm{A}}^{\mathrm{H}}\right|}{\left|\boldsymbol{I} + \dfrac{\beta P_{\mathrm{B}}}{(1-\alpha)P_{\mathrm{A}}}\boldsymbol{\Psi}_{\mathrm{e_{opt}}}\boldsymbol{F}_{\mathrm{B}}\boldsymbol{F}_{\mathrm{B}}^{\mathrm{H}}\boldsymbol{\Psi}_{\mathrm{e_{opt}}}^{\mathrm{H}}\right|} \tag{4-35}$$

$$\mathrm{s.t.} \quad \mathrm{Tr}\left(\boldsymbol{F}_{\mathrm{B}}\boldsymbol{F}_{\mathrm{B}}^{\mathrm{H}}\right) \leqslant 1$$

考虑到固定 α 和 β，首先通过最大化 T_{A} 来寻找最优 $\boldsymbol{F}_{\mathrm{A}}$。参照 4.2.2 小节 $\boldsymbol{F}_{\mathrm{S}}$ 的优化思路，由式 (4-34) 可知，必须优化有用信号发送预编码矩阵，使用户 A 的

发送信号对齐到 $\boldsymbol{\Phi}_{\mathrm{B}}$ 展开的子空间，并与 $\boldsymbol{\Psi}_{\mathrm{o opt}}$ 展开的子空间正交。从数学的角度来看，通过选取 $\boldsymbol{\Phi}_{\mathrm{B}}$ 的较大奇异值和 $\boldsymbol{\Psi}_{\mathrm{o opt}}$ 的较小奇异值对应的公共列空间来构建 $\boldsymbol{F}_{\mathrm{A}}$ 以实现优化。基于此，利用 GSVD 联合分解 $\boldsymbol{\Phi}_{\mathrm{B}}$ 和 $\boldsymbol{\Psi}_{\mathrm{o opt}}$，可以得到

$$
\begin{aligned}
\boldsymbol{\Phi}_{\mathrm{B}} &= \boldsymbol{U}_{\mathrm{B}} \boldsymbol{\Sigma}_{\mathrm{B}} \boldsymbol{K}^{\mathrm{H}} \\
\boldsymbol{\Psi}_{\mathrm{o opt}} &= \boldsymbol{V}_{\mathrm{B}} \boldsymbol{\Sigma}_{\mathrm{R}_{\mathrm{B}}} \boldsymbol{K}^{\mathrm{H}}
\end{aligned}
\tag{4-36}
$$

其中，$\boldsymbol{U}_{\mathrm{B}} \in \mathbb{C}^{N_{\mathrm{t}} \times N_{\mathrm{t}}}$ 和 $\boldsymbol{V}_{\mathrm{B}} \in \mathbb{C}^{N_{\mathrm{r}} \times N_{\mathrm{r}}}$ 是酉矩阵；$\boldsymbol{K} \in \mathbb{C}^{N_{\mathrm{t}} \times N_{\mathrm{t}}}$ 是 $\boldsymbol{\Phi}_{\mathrm{B}}$ 和 $\boldsymbol{\Psi}_{\mathrm{o opt}}$ 的公共非奇异矩阵；$\boldsymbol{\Sigma}_{\mathrm{B}} = \mathrm{diag}\,(\eta_{\mathrm{B},1}, \cdots, \eta_{\mathrm{B},N_{\mathrm{t}}}) \in \mathbb{R}^{N_{\mathrm{t}} \times N_{\mathrm{t}}}$ 和 $\boldsymbol{\Sigma}_{\mathrm{R}_{\mathrm{B}}} = \mathrm{diag}(\eta_{\mathrm{R}_{\mathrm{B}},1}, \cdots, \eta_{\mathrm{R}_{\mathrm{B}},N_{\mathrm{t}}}) \in \mathbb{R}^{N_{\mathrm{r}} \times N_{\mathrm{t}}}$ 是 $\boldsymbol{\Phi}_{\mathrm{B}}$ 和 $\boldsymbol{\Psi}_{\mathrm{o opt}}$ 的广义奇异值，且 $0 \leqslant \eta_{\mathrm{B},1} \leqslant \cdots \leqslant \eta_{\mathrm{B},N_{\mathrm{t}}} \leqslant 1, 1 \geqslant \eta_{\mathrm{R}_{\mathrm{B}},1} \geqslant \cdots \geqslant \eta_{\mathrm{R}_{\mathrm{B}},N_{\mathrm{t}}} \geqslant 0$。

基于 GSVD 的特性，已经知道 $\boldsymbol{\Sigma}_{\mathrm{B}} \boldsymbol{\Sigma}_{\mathrm{B}}^{\mathrm{T}} + \boldsymbol{\Sigma}_{\mathrm{R}_{\mathrm{B}}}^{\mathrm{T}} \boldsymbol{\Sigma}_{\mathrm{R}_{\mathrm{B}}} = \boldsymbol{I}_{N_{\mathrm{t}}}$。通过将式 (4-36) 代入式 (4-34) 中，并考虑对数函数的单调递增特性，可将 T_{A} 简化为

$$
\begin{aligned}
\tilde{T}_{\mathrm{A}} &= \frac{\left| \boldsymbol{U}_{\mathrm{B}} \left(\boldsymbol{I} + \alpha P_{\mathrm{A}} \boldsymbol{\Sigma}_{\mathrm{B}} \boldsymbol{K}^{\mathrm{H}} \boldsymbol{F}_{\mathrm{A}} \boldsymbol{F}_{\mathrm{A}}^{\mathrm{H}} \boldsymbol{K} \boldsymbol{\Sigma}_{\mathrm{B}} \right) \boldsymbol{U}_{\mathrm{B}}^{\mathrm{H}} \right|}{\left| \boldsymbol{V}_{\mathrm{B}} \left(\boldsymbol{I} + \dfrac{\alpha P_{\mathrm{A}}}{(1-\beta)P_{\mathrm{B}}} \boldsymbol{\Sigma}_{\mathrm{R}_{\mathrm{B}}} \boldsymbol{K}^{\mathrm{H}} \boldsymbol{F}_{\mathrm{A}} \boldsymbol{F}_{\mathrm{A}}^{\mathrm{H}} \boldsymbol{K} \boldsymbol{\Sigma}_{\mathrm{R}_{\mathrm{B}}} \right) \boldsymbol{V}_{\mathrm{B}}^{\mathrm{H}} \right|} \\[2mm]
&= \frac{\left| \boldsymbol{I} + \alpha P_{\mathrm{A}} \boldsymbol{\Sigma}_{\mathrm{B}} \boldsymbol{K}^{\mathrm{H}} \boldsymbol{F}_{\mathrm{A}} \boldsymbol{F}_{\mathrm{A}}^{\mathrm{H}} \boldsymbol{K} \boldsymbol{\Sigma}_{\mathrm{B}} \right|}{\left| \boldsymbol{I} + \dfrac{\alpha P_{\mathrm{A}}}{(1-\beta)P_{\mathrm{B}}} \boldsymbol{\Sigma}_{\mathrm{R}_{\mathrm{B}}} \boldsymbol{K}^{\mathrm{H}} \boldsymbol{F}_{\mathrm{A}} \boldsymbol{F}_{\mathrm{A}}^{\mathrm{H}} \boldsymbol{K} \boldsymbol{\Sigma}_{\mathrm{R}_{\mathrm{B}}} \right|}
\end{aligned}
\tag{4-37}
$$

其中，由于 $\boldsymbol{U}_{\mathrm{B}}$ 和 $\boldsymbol{V}_{\mathrm{B}}$ 是酉矩阵，因此 $|\boldsymbol{U}_{\mathrm{B}}| = \left| \boldsymbol{U}_{\mathrm{B}}^{\mathrm{H}} \right| = |\boldsymbol{V}_{\mathrm{B}}| = \left| \boldsymbol{V}_{\mathrm{B}}^{\mathrm{H}} \right| = 1$。式 (4-37) 中第二个等式是基于行列式的特性 $|\boldsymbol{ABC}| = |\boldsymbol{A}||\boldsymbol{B}||\boldsymbol{C}|$ 化简得到的。

基于 Sylvester 定理，有 $|\boldsymbol{I} + \boldsymbol{AB}| = |\boldsymbol{I} + \boldsymbol{BA}|$，则式 (4-37) 可进一步表示为

$$
\tilde{T}_{\mathrm{A}} = \frac{\left| \boldsymbol{I} + \alpha P_{\mathrm{A}} \boldsymbol{\Sigma}_{\mathrm{B}}^{2} \boldsymbol{K}^{\mathrm{H}} \boldsymbol{F}_{\mathrm{A}} \boldsymbol{F}_{\mathrm{A}}^{\mathrm{H}} \boldsymbol{K} \right|}{\left| \boldsymbol{I} + \dfrac{\alpha P_{\mathrm{A}}}{(1-\beta)P_{\mathrm{B}}} \boldsymbol{\Sigma}_{\mathrm{R}_{\mathrm{B}}}^{2} \boldsymbol{K}^{\mathrm{H}} \boldsymbol{F}_{\mathrm{A}} \boldsymbol{F}_{\mathrm{A}}^{\mathrm{H}} \boldsymbol{K} \right|}
\tag{4-38}
$$

令 $\boldsymbol{F}_{\mathrm{A}} = v_{\mathrm{A}} \left(\boldsymbol{K}^{\mathrm{H}} \right)^{-1}$，引入参数 v_{A} 是为了满足优化问题的约束式 (4-31d)。式 (4-38) 中的分子和分母可以同时转换为对角矩阵，且可以容易地计算相应的行列式值。因此，$\tilde{T}_{\mathrm{A}}$ 可以直接计算为

$$\tilde{T}_{\mathrm{A}} = \prod_{j=1}^{N_t} \left(1 + \frac{v_{\mathrm{A}} \eta_{\mathrm{B},j}^2 - \dfrac{v_{\mathrm{A}} \eta_{\mathrm{R}_{\mathrm{B}},j}^2}{(1-\beta)P_{\mathrm{B}}}}{\dfrac{1}{\alpha P_{\mathrm{A}}} + \dfrac{v_{\mathrm{A}} \eta_{\mathrm{R}_{\mathrm{B}},j}^2}{(1-\beta)P_{\mathrm{B}}}} \right) \tag{4-39}$$

考虑到 $\boldsymbol{\Sigma}_{\mathrm{B}}$ 和 $\boldsymbol{\Sigma}_{\mathrm{R}_{\mathrm{B}}}$ 中奇异值的特性, 提出以下 $\boldsymbol{F}_{\mathrm{A}}$ 的构造方案: 为了达到最大安全速率, 只选择满足 $\eta_{\mathrm{B},j}^2 > \dfrac{\eta_{\mathrm{R}_{\mathrm{B}},j}^2}{(1-\beta)P_{\mathrm{B}}}$ 的子信道。假设 $\left(\boldsymbol{K}^{\mathrm{H}}\right)^{-1} = [\boldsymbol{k}_1, \cdots, \boldsymbol{k}_{m_a}, \cdots, \boldsymbol{k}_{N_t}]$, 其中 $\boldsymbol{k}_j \in \mathbb{C}^{N_t \times 1}$ 是 $(\boldsymbol{K}^{\mathrm{H}})^{-1}$ 的第 j 列, $j \in \{1, \cdots, N_t\}$。如果有 $\eta_{\mathrm{B},m_a}^2 > \dfrac{\eta_{\mathrm{R}_{\mathrm{B}},m_a}^2}{(1-\beta)P_{\mathrm{B}}}$ 和 $\eta_{\mathrm{B},(m_a-1)}^2 \leqslant \dfrac{\eta_{\mathrm{R}_{\mathrm{B}},(m_a-1)}}{(1-\beta)P_{\mathrm{B}}}$, 则用 $\left(\boldsymbol{K}^{\mathrm{H}}\right)^{-1}$ 最后 $L_{\mathrm{A}} = N_t - m_a$ 个列向量来构造 $\boldsymbol{F}_{\mathrm{A}}^*$, 则用户 A 的有用信号预编码矩阵 $\boldsymbol{F}_{\mathrm{A}}^* \in \mathbb{C}^{N_t \times L_{\mathrm{A}}}$ 可构造为

$$\boldsymbol{F}_{\mathrm{A}}^* = v_{\mathrm{A}} \tilde{\boldsymbol{K}}_{\mathrm{A}} = v_{\mathrm{A}} \left[\boldsymbol{k}_{m_a}, \cdots, \boldsymbol{k}_{N_t} \right] \tag{4-40}$$

其中, $\tilde{\boldsymbol{K}}_{\mathrm{A}} = [\boldsymbol{k}_{m_a}, \cdots, \boldsymbol{k}_{N_t}]$; $v_{\mathrm{A}} = \dfrac{\sqrt{L}}{\mathrm{Tr}\left(\tilde{\boldsymbol{K}}_{\mathrm{A}}^{\mathrm{H}} \tilde{\boldsymbol{K}}_{\mathrm{A}}\right)}$。在上述的优化过程中, 因为有用信号预编码矩阵忽略了等效增益小于 0 的所有信道, 并将有用信号对齐到有效空间, 所以针对用户 A 的有用信息, 安全速率将会增加。

使用相同的方法, 可以得到 $\boldsymbol{F}_{\mathrm{B}}^*$。通过对 $\boldsymbol{\Phi}_{\mathrm{A}}$ 和 $\boldsymbol{\Psi}_{\mathrm{e}_{\mathrm{opt}}}$ 联合 GSVD 分解设计用户 B 的有用信号发送预编码矩阵为

$$\begin{aligned} \boldsymbol{\Phi}_{\mathrm{A}} &= \boldsymbol{U}_{\mathrm{A}} \boldsymbol{\Sigma}_{\mathrm{A}} \boldsymbol{W}^{\mathrm{H}} \\ \boldsymbol{\Psi}_{\mathrm{e}_{\mathrm{opt}}} &= \boldsymbol{V}_{\mathrm{A}} \boldsymbol{\Sigma}_{\mathrm{R}_{\mathrm{A}}} \boldsymbol{W}^{\mathrm{H}} \end{aligned} \tag{4-41}$$

其中, $\boldsymbol{U}_{\mathrm{A}} \in \mathbb{C}^{N_t \times N_t}$ 和 $\boldsymbol{V}_{\mathrm{A}} \in \mathbb{C}^{N_r \times N_r}$ 是酉矩阵; $\boldsymbol{W} \in \mathbb{C}^{N_t \times N_t}$ 是 $\boldsymbol{\Phi}_{\mathrm{A}}$ 和 $\boldsymbol{\Psi}_{\mathrm{e}_{\mathrm{opt}}}$ 的公共非奇异矩阵; $\boldsymbol{\Sigma}_{\mathrm{A}} = \mathrm{diag}\left(\eta_{\mathrm{A},1}, \cdots, \eta_{\mathrm{A},N_t}\right) \in \mathbb{R}^{N_t \times N_t}$ 和 $\boldsymbol{\Sigma}_{\mathrm{R}_{\mathrm{A}}} = \mathrm{diag}(\eta_{\mathrm{R}_{\mathrm{A}},1}, \cdots, \eta_{\mathrm{R}_{\mathrm{A}},N_t}) \in \mathbb{R}^{N_r \times N_t}$ 是奇异值矩阵。基于 GSVD 的特点, 有 $0 \leqslant \eta_{\mathrm{A},1} \leqslant \cdots \leqslant \eta_{\mathrm{A},N_t} \leqslant 1$ 和 $1 \geqslant \eta_{\mathrm{R}_{\mathrm{A}},1} \geqslant \cdots \geqslant \eta_{\mathrm{R}_{\mathrm{A}},N_t} \geqslant 0$, 式 (4-35) 中的目标函数可以转换为

$$\tilde{T}_{\mathrm{B}} = \frac{\left| \boldsymbol{I} + \beta P_{\mathrm{B}} \boldsymbol{\Sigma}_{\mathrm{A}}^2 \boldsymbol{W}^{\mathrm{H}} \boldsymbol{F}_{\mathrm{B}} \boldsymbol{F}_{\mathrm{B}}^{\mathrm{H}} \boldsymbol{W} \right|}{\left| \boldsymbol{I} + \dfrac{\beta P_{\mathrm{B}}}{(1-\alpha)P_{\mathrm{A}}} \boldsymbol{\Sigma}_{\mathrm{R}_{\mathrm{A}}}^2 \boldsymbol{W}^{\mathrm{H}} \boldsymbol{F}_{\mathrm{B}} \boldsymbol{F}_{\mathrm{B}}^{\mathrm{H}} \boldsymbol{W} \right|} \tag{4-42}$$

令 $\boldsymbol{F}_\mathrm{B} = \upsilon_\mathrm{B}\left(\boldsymbol{W}^\mathrm{H}\right)^{-1}$，引入参数 υ_B 是为了满足优化问题的约束式 (4-31e)。$\tilde{T}_\mathrm{B}$ 可以计算为

$$\tilde{T}_\mathrm{B} = \prod_{j=1}^{N_t}\left(1 + \frac{\upsilon_\mathrm{B}^2\eta_{\mathrm{A},j}^2 - \dfrac{\upsilon_\mathrm{B}^2\eta_{\mathrm{R_A},j}^2}{(1-\alpha)P_\mathrm{A}}}{\dfrac{1}{\beta P_\mathrm{B}} + \dfrac{\upsilon_\mathrm{B}^2\eta_{\mathrm{R_A},j}^2}{(1-\alpha)P_\mathrm{A}}}\right) \tag{4-43}$$

为了达到最大安全速率，通过构造 $\boldsymbol{F}_\mathrm{B}$ 以选择满足 $\eta_{\mathrm{A},j}^2 > \dfrac{\eta_{\mathrm{R_A},j}}{(1-\alpha)P_\mathrm{A}}$ 的信道。令 $\left(\boldsymbol{W}^\mathrm{H}\right)^{-1} = [\boldsymbol{w}_1,\cdots,\boldsymbol{w}_{m_b},\cdots,\boldsymbol{w}_{N_t}]$，其中 $\boldsymbol{w}_j \in \mathbb{C}^{N_t\times 1}$ 是 $(\boldsymbol{W}^\mathrm{H})^{-1}$ 的第 j 列。假如有 $\eta_{\mathrm{A},m_b}^2 > \dfrac{\eta_{\mathrm{R_A},m_b}}{(1-\alpha)P_\mathrm{A}}$ 和 $\eta_{\mathrm{A},(m_b-1)}^2 \leqslant \dfrac{\eta_{\mathrm{R_A},(m_b-1)}}{(1-\alpha)P_\mathrm{A}}$，则用 $\left(\boldsymbol{W}^\mathrm{H}\right)^{-1}$ 最后 $L_\mathrm{B} = N_t - m_b$ 个列向量来构造 $\boldsymbol{F}_\mathrm{B}^*$。此时，用户 B 的有用信号预编码矩阵的构造为 $\boldsymbol{F}_\mathrm{B}^* \in \mathbb{C}^{N_t\times Z}$，即

$$\boldsymbol{F}_\mathrm{B}^* = \upsilon_\mathrm{B}\tilde{\boldsymbol{W}}_\mathrm{B} = \upsilon_\mathrm{B}[\boldsymbol{w}_{m_b},\cdots,\boldsymbol{w}_{N_t}] \tag{4-44}$$

其中，$\tilde{\boldsymbol{W}}_\mathrm{B} = [\boldsymbol{w}_{m_b},\cdots,\boldsymbol{w}_{N_t}]$，$\upsilon_\mathrm{B} = \dfrac{1}{\mathrm{Tr}\left(\tilde{\boldsymbol{W}}_\mathrm{B}^\mathrm{H}\tilde{\boldsymbol{W}}_\mathrm{B}\right)}$。

将式 (4-40) 和式 (4-44) 分别代入式 (4-38) 和式 (4-42)，则双向中继网络中总的安全速率可以表示为

$$\tilde{R}_\mathrm{s} = \frac{1}{2}\log_2\prod_{i=m_a}^{N_t}\left(1 + \frac{\upsilon_\mathrm{A}^2\eta_{\mathrm{B},i}^2 - \dfrac{\upsilon_\mathrm{A}^2\eta_{\mathrm{R_B},i}^2}{(1-\beta)P_\mathrm{B}}}{\dfrac{1}{\alpha P_\mathrm{A}} + \dfrac{\upsilon_\mathrm{A}^2\eta_{\mathrm{R_B},i}^2}{(1-\beta)P_\mathrm{B}}}\right)$$

$$+ \frac{1}{2}\log_2\prod_{j=m_b}^{N_t}\left(1 + \frac{\upsilon_\mathrm{B}^2\eta_{\mathrm{A},j}^2 - \dfrac{\upsilon_\mathrm{B}^2\eta_{\mathrm{R_A},j}^2}{(1-\alpha)P_\mathrm{A}}}{\dfrac{1}{\beta P_\mathrm{B}} + \dfrac{\upsilon_\mathrm{B}^2\eta_{\mathrm{R_A},j}^2}{(1-\alpha)P_\mathrm{A}}}\right) \tag{4-45}$$

4.3.4 最优功率分配方案

通过使用 4.3.3 小节介绍的两个阶段 (广播和中继) 的预编码矩阵，以及将式 (4-31) 中的问题转换为如式 (4-45) 所示的一个简单问题，可以使总的安全速率最大化。本小节的目标是基于 4.3.3 小节设计的发送有用信号的预编码矩阵 $\boldsymbol{F}_\mathrm{A}^*$ 和

F_B^* 以及 4.3.2 小节设计的用于发送协作干扰信号的匹配滤波预编码矩阵 Q_A 和 Q_B，优化用户 A 和用户 B 的功率分配 α 和 β。此时，基于式 (4-45)，优化问题可以构造为

$$\max_{\alpha,\beta} \quad \tilde{R}_s \tag{4-46a}$$

$$\text{s.t.} \quad \alpha \in [0,1] \tag{4-46b}$$

$$\beta \in [0,1] \tag{4-46c}$$

证明式 (4-46) 中的优化函数是凸函数并寻找全局解决最优解难度很大。此外，其求解复杂度随着 N_t 的增加而增加。因此，还是采用迭代的方案，交替优化 α 和 β。

(1) 固定 β，求解方程 $\dfrac{\partial \tilde{R}_s}{\partial \alpha} = 0$，在区间 $[0,1]$ 上的根 α^* 为此时用户 A 的最优功率分配因子。

(2) 固定 $\alpha = \alpha^*$，求解方程 $\dfrac{\partial \tilde{R}_s}{\partial \beta} = 0$，在区间 $[0,1]$ 上的根 β^* 为此时用户 B 的最优功率分配因子。

(3) 令 $\beta = \beta^*$，回到第 (1) 步；迭代上述操作，直至 α 和 β 收敛。

在 4.3.6 小节中，将进行不同信噪比下迭代算法收敛性的仿真，并和 Matlab 优化工具箱得到的结果进行了比较，以验证它们之间的一致性。

4.3.5　联合优化的迭代算法

在前面的优化中，4.3.3 小节是基于固定功率分配因子 α 和 β，优化 F_A、F_B、Q_A 和 Q_B；4.3.4 小节是基于固定 F_A、F_B、Q_A 和 Q_B，优化 α 和 β。因此，这里进一步提出总体迭代算法，迭代优化上述 6 个参数。算法 4-2 总结了 DAJ 方案中联合波束形成和最优功率分配的优化算法的伪代码 (双向)。外循环用来在给定功率分配条件下优化 F_A^* 和 F_B^*，而内循环用来根据前面优化的有用信号预编码矩阵优化功率分配因子 α 和 β 更新。

算法 4-2　　DAJ 方案中联合波束形成和最优功率分配优化算法的伪代码 (双向)

　1. 设置功率分配的初始条件；$\alpha^* = 0.5$ 和 $\beta^* = 0.5$，调整外循环的最大迭代次数为 $N_{BF} = 5$，内循环为 $N_{OPA} = 10$。

　2. 基于匹配滤波的协作干扰预编码矩阵，即 $Q_A = \lambda_A H^H$ 和 $Q_B = \lambda_B G^H$。

3. 按照式 (4-36)，GSVD 联合分解 $\boldsymbol{\Phi}_\mathrm{B}$ 和 $\boldsymbol{\Psi}_{\mathrm{o_{opt}}}$，并得到 $\boldsymbol{K}$；按照式 (4-41)，联合分解 $\boldsymbol{\Phi}_\mathrm{A}$ 和 $\boldsymbol{\Psi}_{\mathrm{e_{opt}}}$，并得到 $\boldsymbol{W}$。

for $i = 1 : N_\mathrm{BF}$ **do**

    根据 4.3.3 小节中的步骤，用 $\boldsymbol{K}$、$\boldsymbol{W}$、α、β 构造 $\boldsymbol{F}_\mathrm{A}^*$ 和 $\boldsymbol{F}_\mathrm{B}^*$。

    for $j = 1 : N_\mathrm{OPA}$ **do**

        固定 $\alpha = \alpha^*$，求解 $\beta^* = \mathrm{Roots}\left\{\dfrac{\partial \tilde{R}_\mathrm{s}}{\partial \beta}\right\}$，且 $\beta^* \in [0,1]$。

        固定 $\beta = \beta^*$，求解 $\alpha^* = \mathrm{Roots}\left\{\dfrac{\partial \tilde{R}_\mathrm{s}}{\partial \alpha}\right\}$，且 $\alpha* \in [0,1]$。

    end for

end for

4.3.6 仿真结果与分析

下面将给出一些数值仿真，验证所提方案的可达安全速率性能。假设 $\boldsymbol{H}$ 和 $\boldsymbol{G}$ 的元素是均值为 0 和方差为 1 的独立同分布的复高斯随机变量。所有的仿真均使用衰落信道模型进行 10000 次独立试验，再进行性能平均。不失一般性，假设 $\sigma_\mathrm{A}^2 = \sigma_\mathrm{B}^2 = \sigma_\mathrm{R}^2 = 1$，两个用户发送的总功率为 $2P = P_\mathrm{A} + P_\mathrm{B}$。对于对称的情况，假设用户 A 和用户 B 发送的总功率相同，即 $P_\mathrm{A} = P_\mathrm{B} = P$。此外，SNR 可以通过发送功率 P 进行调整。进一步定义等效信噪比为 $\mathrm{SNR}_\mathrm{eq} = \dfrac{P}{N_\mathrm{t}}$，并以此评估系统性能。

图 4-11 显示了在对称情况下，即 $P_\mathrm{A} = P_\mathrm{B} = P$，当 $N_\mathrm{t} = 6$ 和 $N_\mathrm{r} = 8$ 时，所提最优功率分配的波束形成与其他四种等功率分配 (即 $\alpha = \beta = 0.5$) 的波束形成方案可达安全速率的对比。四个等功率分配波束形成方案包括：①等波束形成 + 等功率分配，向所有方向发送有用和干扰信号；②等波束形成 + 匹配滤波预编码 + 等功率分配，通过匹配滤波预编码矩阵发送协作干扰信号，并向所有方向发送有用信号；③ 随机波束形成 + 等功率分配，在随机方向上发送有用和干扰信号；④ 随机波束形成 + 匹配滤波预编码 + 等功率分配，通过匹配滤波预编码矩阵发送协作干扰信号，并在随机方向上发送有用信号。同时，还对双向不可信中继网络可达安全速率的上限进行了仿真，即认为不可信中继节点是可信的，此时窃听容量为 0，$R^\mathrm{UB} = R_\mathrm{A} + R_\mathrm{B}$，且由于中继是可信的，不需要发送协作干扰信号，功率分

配因子为 $\alpha = \beta = 1$。

　　由图 4-11 可以得到以下结论：随机波束形成 + 等功率分配可达的安全速率最低，这是由于它的波束形成是随机指向的，有用信号有可能到达不了中继节点。等波束形成 + 等功率分配和随机波束形成 + 等功率分配相比，等波束形成 + 等功率分配的安全速率更高，这是由于它至少保证了有一些信号可以达到中继节点。通过使用匹配预编码矩阵将两个用户的协作干扰信号聚焦到不可信中继节点，随机波束形成 + 匹配滤波预编码 + 等功率分配相对于随机波束形成 + 等功率分配，等波束形成 + 匹配滤波预编码 + 等功率分配相对于等波束形成 + 等功率分配，安全速率有了一定的改善。所提出的联合最优功率分配和波束形成的方案安全性能最高，原因是它采用匹配滤波预编码矩阵聚焦协作干扰信号，并将有用信号对齐到其有效信号空间，进一步根据信道增益优化功率分配。而且，可以观察到，不采用 DAJ 方案时总的安全速率等于零，这意味着在任何信噪比条件下，不可信中继都可以窃听有用信号。安全速率上限与所提波束形成和最优功率分配方案之间的差距随着等效 SNR 增大而减小，这意味着不可信中继解码的能力随着等效 SNR 的增加而降低。

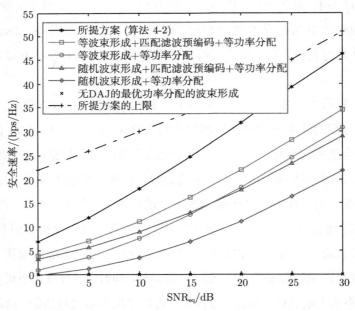

图 4-11　对称情况下，当 $N_t = 6$ 和 $N_r = 8$ 时，双向不可信中继网络可达安全速率

图 4-12 比较了在对称情况下，不同天线配置时所提的功率分配和波束形成联合优化方案与其他两种不同功率分配方案的可达安全速率。其中，用于对比的其他两种功率分配方案包括等功率分配和通过文献 [30] 中计算得到的功率分配。文献 [30] 中提出了一种无波束形成的单向协作干扰网络的最优功率分配。将文献 [30] 中的功率分配方案与本书提出的双向传输波束形成方案相结合，进而评估其可达的安全速率。由图 4-12 可知，在采用目的节点协作干扰技术的双向中继传输中，所提的最优功率分配的波束形成方案比文献 [30] 中的算法具有更好的安全性能，原因是在本书的算法中，两个用户的功率分配及波束形成是联合进行优化的，而文献 [30] 中方案是针对每一个传输链路独立进行优化的。

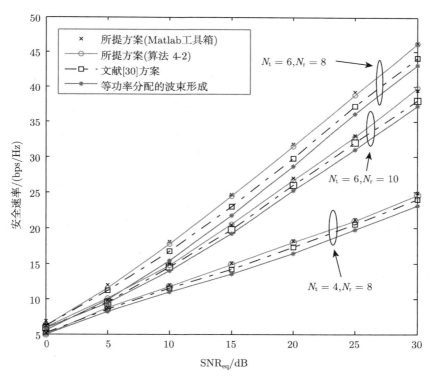

图 4-12 不同天线配置下，所提方案与其他两种方案的可达安全速率对比

为了验证使用算法 4-2 实现的最优功率分配的正确性，将其与用 Matlab 优化工具箱计算的最优功率分配结果来进行比较。图 4-12 结果表明，算法 4-2 获得的安全速率与 Matlab 优化工具箱获得的安全速率是一致的。

表 4-1 给出了 $N_t = 6$, $N_r = 10$ 时, 算法 4-2 和 Matlab 优化工具箱计算的最优功率分配对比, 可以看出它们是一致的, 表明算法 4-2 中迭代优化最优功率分配收敛于其最优值。

表 4-1　$N_t = 6$、$N_r = 10$ 时, 算法 4-2 和 Matlab 优化工具箱计算的最优功率分配对比

SNR /dB	算法 4-2		Matlab 优化工具箱	
	α	β	α	β
0	0.633	0.628	0.638	0.624
5	0.679	0.681	0.677	0.681
10	0.704	0.704	0.711	0.708
15	0.717	0.716	0.717	0.716
20	0.721	0.722	0.719	0.720
25	0.724	0.724	0.724	0.724
30	0.725	0.725	0.726	0.725

图 4-13 和图 4-14 分别显示了 $N_t = 6$ 和 $N_r = 8$ 时, 在等效信噪比为 0dB、5dB、10dB 和 30dB 下, 算法 4-2 中计算最优功率分配因子的内循环的收敛性。图 4-13 对应于第一次外循环时最优功率分配因子的内循环的收敛性, 而图 4-14 显示了第二次外循环时最优功率分配因子的内循环的收敛性。可以发现, 对于任意等效信噪比和外循环, α 和 β 的值在内循环第三次或第四次迭代就已经收敛了; 随着等效信噪比的增加, 内循环最优值收敛地更快。在较低的等效信噪比时, 大的噪声对 α 和 β 的收敛有较大影响, 需要更多的迭代来平滑处理。然而, 在第二次外循环 (更新 $\boldsymbol{F}_A^*$ 和 $\boldsymbol{F}_B^*$ 之后) 中, 每个最优功率分配的修正量都非常小, 在第三次外循环中几乎没有变化。

图 4-15 进一步验证了外循环的收敛性。这里引入两次连续外循环之间的预编码的差分范数来表征收敛性, 定义为

$$
\begin{aligned}
\left\| \Delta \boldsymbol{F}_A^* \right\|_F = \left\| \boldsymbol{F}_A^{*(z)} - \boldsymbol{F}_A^{*(z-1)} \right\|_F \\
\left\| \Delta \boldsymbol{F}_B^* \right\|_F = \left\| \boldsymbol{F}_B^{*(z)} - \boldsymbol{F}_B^{*(z-1)} \right\|_F
\end{aligned}
\tag{4-47}
$$

其中, $\boldsymbol{F}_A^{*(z)}$ 和 $\boldsymbol{F}_B^{*(z)}$ 表示算法 4-2 中第 z 次外循环构造的用户 A 和 B 的发送有用信号预编码矩阵。从图 4-15 中可以发现, 两种预编码矩阵在不同 SNR 下均是快速收敛的。

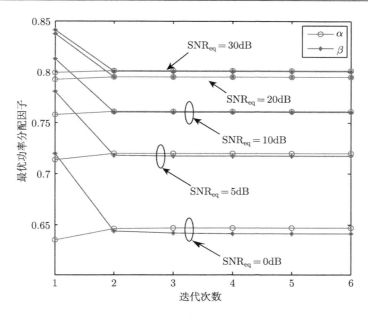

图 4-13 当 $N_t = 6$ 和 $N_r = 8$ 时，不同 SNR 下算法 4.2 中第一次外循环时
最优功率分配因子的内循环的收敛性

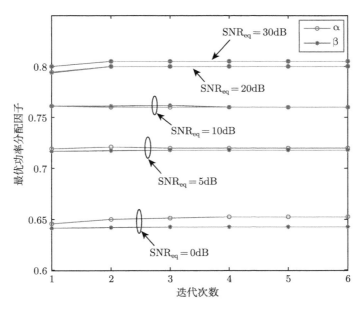

图 4-14 当 $N_t = 6$ 和 $N_r = 8$ 时，不同 SNR 下算法 4.2 中第二次外循环时
最优功率分配因子的内循环的收敛性

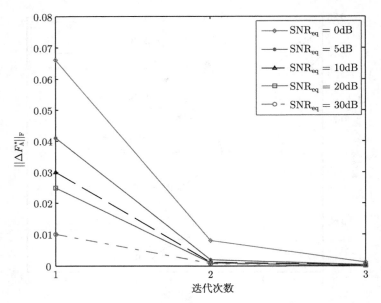

(a) 用户 A 的有用信号预编码矩阵

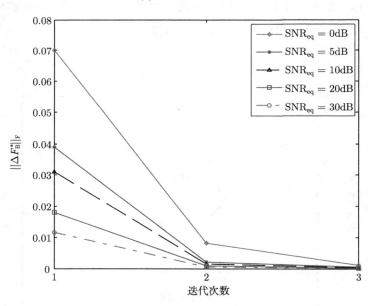

(b) 用户 B 的有用信号预编码矩阵

图 4-15　当 $N_t = 6$ 和 $N_r = 8$ 时，不同 SNR 下，有用信号预编码矩阵

(算法 4-2 的外循环) 的收敛性

图 4-16 和图 4-17 展示了中继天线数 $N_r = 8$ 恒定时，用户 A 和用户 B 不同天线配置 ($N_t = 4, 5, 6$) 对系统可达安全速率和最优功率分配的影响。由图 4-16 可以看出，安全速率随用户的天线数目的增加而增加，这是由于两个用户具有较大的自由度，有利于波束形成聚焦。图 4-17 给出了不同等效信噪比条件下最优功率分配 α 和 β 的平均值。可以得出以下结论：α 和 β 的最优值近似相同，原因是从用户 A 和用户 B 到中继节点 R 的两个信道具有相同的统计特性。并且，当给定 N_t 时，通过增加等效信噪比，将会有更多的功率分配给用户 A 和用户 B 用以发送有用信号。此外，当增加用户 A 和用户 B 的天线数量，即更大的 N_t 时，也将有更多的功率分配给用户来发送有用信号。这些结果都是缘于高信噪比和大的 N_t 有助于聚焦协作干扰信号。

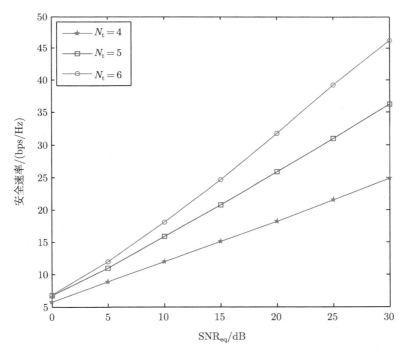

图 4-16　当 $N_r = 8$ 时，双向不可信中继网络可达安全速率

图 4-18 和图 4-19 显示了固定 N_t 时，不同 N_r 对系统可达安全速率和最优功率分配的影响。从图 4-18 中可以发现，当中继天线数目 N_r 增加时，不可信中继具有较大的自由度，提高了其对有用信号窃听的能力，从而降低了安全速率性能。从

图 4-19 可以发现，当中继天线数目增加时，不可信中继的窃听能力增强，因此，需要将更多的功率分配给协作干扰信号，以降低中继对有用信号的窃听能力，改善信息传输的安全性。

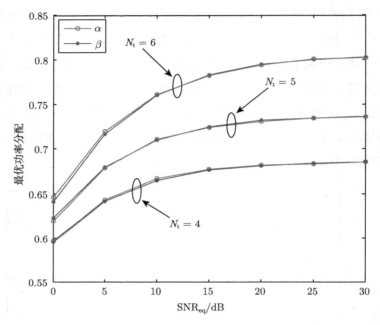

图 4-17　当 $N_r = 8$ 时，双向不可信中继网络的最优功率分配

　　前面的仿真结果均是针对对称 (即 $P_A = P_B$) 情况下的性能分析，下面进一步研究非对称 (即 $P_A \neq P_B$) 情况。在图 4-20 中，研究了 $P_A = 0.5P$ 和 $P_B = 1.5P$ 非对称情况下的系统可达安全速率，得到与图 4-11 相似的结论。这个现象是由于定义系统可达安全速率为两个链路的安全速率之和，在系统总功率不变的情况下，增加一个用户的总功率，安全速率可以得到改善；相反，降低一个用户的总功率，安全速率则会降低。但是，从两个链路安全速率之和来看，变化不明显。图 4-21 展示了 $P_A = 0.5P$ 和 $P_B = 1.5P$ 非对称情况下最优功率分配值。可以观察到，在低信噪比条件下的两个用户的干扰信号会分配更多的功率，而在较高的信噪比时，用户有用信息获得更多的功率。而且，对比图 4-21 和图 4-19 可以发现，对称和非对称情况下结论有所不同，对于非对称情况，由于具有较小总功率的用户 A 协作干扰的能力较弱，具有较大总功率的用户 B 设置较小的功率分配因子用于发送有用

信号，以此来降低不可信中继节点的窃听能力。

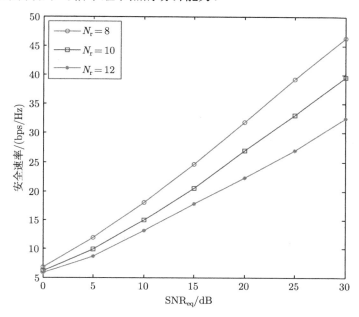

图 4-18　当 $N_t = 6$ 时，不同 N_r 条件下可达安全速率

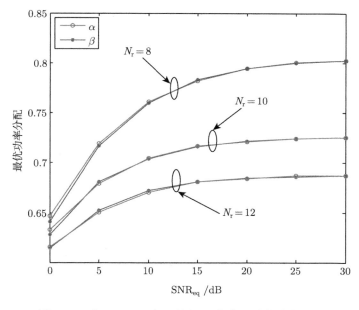

图 4-19　当 $N_t = 6$ 时，不同 N_r 条件下最优功率分配

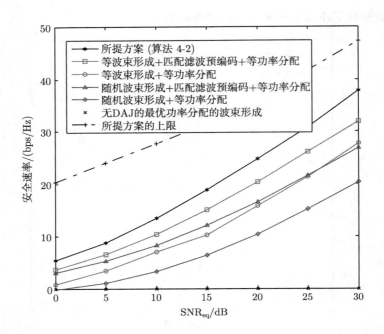

图 4-20　当 $N_t = 6$ 和 $N_r = 8$ 时, 非对称 $(P_A = 0.5P, P_B = 1.5P)$ 条件下系统

可达安全速率

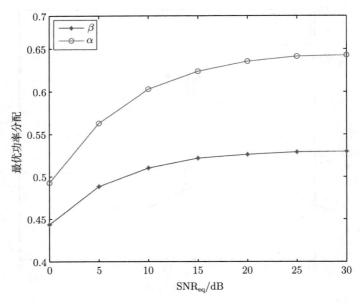

图 4-21　当 $N_t = 6$ 和 $N_r = 8$ 时, 非对称 $(P_A = 0.5P, P_B = 1.5P)$ 条件下最优功率分配

本节研究了基于波束形成和功率分配的优化方法，以提高双向不可信中继网络的安全速率。首先，提出目的节点协作干扰技术，每个用户在两个连续时隙分别发送有用信号和协作干扰信号。其次，为了聚焦有用信号和协作干扰信号，设计一种新型的基于 GSVD 的波束形成方案来将有用信号对齐到其有效空间，并使用匹配滤波预编码矩阵来最大化在不可信中继处接收到的协作干扰信号。再次，利用迭代算法优化发送功率分配。最后，设计了两层迭代方案，联合优化波束形成和最优功率分配方案。仿真结果表明所提出的波束形成和最优功率分配方案的有效性。通过和 Matlab 优化工具箱的结果进行比较，验证了最优功率分配方案的正确性。此外，所提出的算法在较低信噪比下，在第四次迭代后收敛，在较高的信噪比下，会分配给有用信号更大的功率并迅速收敛。而且，随着用户天线数量的增加，安全速率也会增加，这是由于两个用户的较大自由度有利于波束形成聚焦。

参 考 文 献

[1] Veen B D V, Buckley K M. Beamforming: a versatile approach to spatial filtering[J]. IEEE Assp Magazine, 2002, 5(2): 4-24.

[2] Yao R , Liu Y , Lu L , et al. Cooperative precoding for cognitive transmission in two-tier networks[J]. IEEE Transactions on Communications, 2016, 64(4):1423-1436.

[3] Daly M P, Daly E L, Bernhard J T. Demonstration of directional modulation using a phased array[J]. IEEE Transactions on Antennas and Propagation, 2010, 58(5): 1545-1550.

[4] Hong T, Song M Z, Liu Y. Dual-beam directional modulation technique for physical-layer secure communication[J]. IEEE Antennas and Wireless Propagation Letters, 2012, 10: 1417-1420.

[5] Valliappan N, Lozano A, Heath R W. Antenna subset modulation for secure millimeter-wave wireless communication[J]. IEEE Transactions on Communications, 2013, 61(8): 3231-3245.

[6] Eltayeb M E, Choi J, Al-Naffouri T Y, et al. Enhancing secrecy with multiantenna transmission in millimeter wave vehicular communication systems[J]. IEEE Transactions on Vehicular Technology, 2017, 66(9): 8139-8151.

[7]   Zhang J, Gursoy M C. Secure relay beamforming over cognitive radio channels[C]. IEEE Information Sciences and Systems, 2011: 1-5.

[8]   Jeong C, Kim I M. Optimal power allocation for secure multicarrier relay systems[J]. IEEE Transactions on Signal Processing, 2011, 59(11): 5428-5442.

[9]   Zhang M, Huang J, Yu H, et al. QoS-based source and relay secure optimization design with presence of channel uncertainty[J]. IEEE Communications Letters, 2013, 17(8): 1544-1547. .

[10] Ding Z, Peng M, Chen H H. A general relaying transmission protocol for MIMO secrecy communications[J]. IEEE Transactions on Communications, 2012, 60(11): 3461-3471.

[11] Tekin E, Yener A. The general Gaussian multiple-access and two-way wiretap channels: achievable rates and cooperative jamming[J]. IEEE Transactions on Information Theory, 2007, 54(6): 2735-2751.

[12] Chen J, Zhang R, Song L, et al. Joint relay and jammer selection for secure two-way relay networks[J]. IEEE Transactions on Information Forensics and Security, 2012, 7(1): 310-320.

[13] Wang H M, Luo M, Yin Q, et al. Hybrid cooperative beamforming and jamming for physical-layer security of two-way relay networks[J]. IEEE Transactions on Information Forensics and Security, 2013, 8(12): 2007-2020.

[14] Wang C, Wang H M, Xia X G. Hybrid opportunistic relaying and jamming with power allocation for secure cooperative networks[J]. IEEE Transactions on Wireless Communications, 2015, 14(2): 589-605.

[15] Wang H M, Luo M, Yin Q. Hybrid cooperative relaying and jamming for secure two-way relay networks[C]. IEEE Global Communications Conference (GLOBECOM), 2012: 4846-4850.

[16] Wan Y, Li Q, Zhang Q, et al. Optimal and suboptimal full-duplex secure beamforming designs for MISO two-way communications[J]. IEEE Wireless Communications Letters, 2015, 4(5): 493-496.

[17] Jayasinghe K, Jayasinghe P, Rajatheva N, et al. Secure beamforming design for physical layer network coding based MIMO two-way relaying[J]. IEEE Communications Letters, 2014, 18(7): 1270-1273.

[18] Wang H M, Liu F, Yang M. Joint cooperative beamforming, jamming, and power allo-

cation to secure AF relay systems[J]. IEEE Transactions on Vehicular Technology, 2015, 64(10): 4893-4898.

[19] Telatar E. Capacity of multi-antenna Gaussian channels[J]. European Transactions on Telecommunications, 1999, 10(6): 585-595.

[20] Jilani M, Ohtsuki T. Joint SVD-GSVD precoding technique and secrecy capacity lower bound for the MIMO relay wire-tap channel[C]. 2012 IEEE 75th Vehicular Technology Conference, 2012: 1-5.

[21] Yener A, Ulukus S. Wireless physical-layer security: lessons learned from information theory[J]. Proceedings of the IEEE, 2015, 103(10): 1814-1825.

[22] Mo J, Tao M, Liu Y, et al. Secure beamforming for MIMO two-way communications with an untrusted relay[J]. IEEE Transactions on Signal Processing, 2014, 62(9): 2185-2199.

[23] Mukherjee A. Imbalanced beamforming by a multi-antenna source for secure utilization of an untrusted relay[J]. IEEE Communication Letters. 2013, 17(7): 1309-1312.

[24] Jeong C, Kim I M, Dong I K. Joint secure beamforming design at the source and the relay for an amplify-and-forward MIMO untrusted relay system[J]. IEEE Transactions on Signal Processing, 2011, 60(1): 310-325.

[25] Laneman J N, Tse D N C, Wornell G W. Cooperative diversity in wireless networks: efficient protocols and outage behavior[J]. IEEE Transactions on Information Theory, 2004, 50(12): 3062-3080.

[26] Dong L, Han Z, Petropulu A P, et al. Improving wireless physical layer security via cooperating relays[J]. IEEE Transactions on Signal Processing, 2010, 58(3):1875-1888.

[27] Xiang H, Yener A. Cooperation with an untrusted relay: a secrecy perspective[J]. IEEE Transactions on Information Theory, 2010, 56(8): 3807-3827.

[28] Xiang H, Yener A. Two-hop secure communication using an untrusted relay: a case for cooperative jamming[C]. IEEE Global Telecommunications Conference, 2008: 1-5.

[29] Zewail A A, Yener A. Two-hop untrusted relay channel with an external eavesdropper under layered secrecy constraints[C]. 2016 IEEE Global Communication Conference (GLOBECOM), 2016: 1-6.

[30] Kuhestani A, Mohammadi A. Destination-based cooperative jamming in untrusted amplify-and-forward relay networks: resource allocation and performance study[J]. IET

Communication, 2016, 10(1): 17-23.

[31] Xiong J, Cheng L, Ma D, et al. Destination-aided cooperative jamming for dual-hop amplify-and-forward MIMO untrusted relay systems[J]. IEEE Transactions on Vehicular Technology, 2016, 65(9): 7274-7284.

[32] Mekkawy T , Yao R , Xu F , et al. A novel beamforming to improve secrecy rate in a DAJ based untrusted relay network[C]. 2017 9th International Conference on Wireless Communications and Signal Processing (WCSP), 2017: 1-5.

[33] Mekkawy T, Yao R, Xu F, et al. Optimal power allocation for achievable secrecy rate in an untrusted relay network with bounded channel estimation error[C]. IEEE Wireless and Optical Communication Conference, 2017: 1-5.

[34] Yao R , Lu Y , Mekkawy T, et al. Joint Optimization ofBeamforming and Power Allocation for DAJ Based Untrusted Relay Networks[J]. ETRI Journal, 2018, 40(6), 714-725.

[35] Mekkawy T , Yao R , Tsiftsis T A, et al. Joint beamforming alignment with suboptimal power allocation for A two way untrusted relay network[J]. IEEE Transactions on Information Forensics and Security, 2018, 13(10),2464-2474.

[36] Ouyang N, Jiang X Q, Bai E, et al. Destination assisted jamming and beamforming for improving the security of AF relay systems[J]. IEEE Access, 2017, 5(99): 4125-4131.

[37] Senaratne D, Tellambura C. GSVD Beamforming for two-user MIMO downlink channel[J]. IEEE Transactions on Vehicular Technology, 2013, 62(6): 2596-2606.

[38] Goldsmith A, Jafar S A, Jindal N, et al. Capacity limits of MIMO channels[J]. IEEE Journal on Selected Areas in Communications, 2003, 21(5): 684-702.

[39] Zheng G, Krikidis I, Li J, et al. Improving physical layer secrecy using full-duplex jamming receivers[J]. IEEE Transactions on Signal Processing, 2013, 61(20): 4962-4974.

[40] Wang D, Bai B, Chen W, et al. Secure green communication via untrusted two-way relaying: a physical layer approach[J]. IEEE Transactions on Communications, 2016, 64(5): 1861-1874.

附　　录

本附录验证 R_{s} 是关于 α 的一个凸函数, 由式 (4-14) 可得

$$
R_{\mathrm{S}} = \frac{1}{2} \log_2 \prod_{i=M,\cdots,N_{\mathrm{t}}} \left(1 + \frac{\dfrac{\alpha\lambda^2 P}{L}\eta_{\mathrm{d},i}^2 - \dfrac{\lambda^2}{L}\cdot\dfrac{\alpha}{1-\alpha}\eta_{\mathrm{r},i}^2}{1 + \dfrac{\lambda^2}{L}\cdot\dfrac{\alpha}{1-\alpha}\eta_{\mathrm{r},i}^2} \right)
$$

$$
= \frac{1}{2} \sum_{i=M}^{N_{\mathrm{t}}} \log_2 \left(1 + \frac{\dfrac{\alpha\lambda^2 P}{L}\eta_{\mathrm{d},i}^2 - \dfrac{\lambda^2}{L}\cdot\dfrac{\alpha}{1-\alpha}\eta_{\mathrm{r},i}^2}{1 + \dfrac{\lambda^2}{L}\cdot\dfrac{\alpha}{1-\alpha}\eta_{\mathrm{r},i}^2} \right) \tag{4-48}
$$

对式 (4-48) 中的 R_{s}, 求关于 α 的一阶导数可得

$$
\frac{\mathrm{d}R_{\mathrm{S}}}{\mathrm{d}\alpha} = \frac{1}{2\ln 2} \sum_{i=M}^{N_{\mathrm{t}}} \left(\frac{\dfrac{\lambda^2 P}{L}\eta_{\mathrm{d},i}^2}{1 + \dfrac{\alpha\lambda^2 P}{L}\eta_{\mathrm{d},i}^2} - \frac{\dfrac{\lambda^2}{L}\cdot\eta_{\mathrm{r},i}^2}{(1-\alpha)^2 + \dfrac{\lambda^2}{L}\cdot\alpha(1-\alpha)\eta_{\mathrm{r},i}^2} \right) \tag{4-49}
$$

对 R_{s} 求关于 α 的二阶导数可得

$$
\frac{\mathrm{d}^2 R_{\mathrm{S}}}{\mathrm{d}\alpha^2} = \frac{1}{2\ln 2} \sum_{i=M}^{N_{\mathrm{t}}} \left[-\frac{\left(\dfrac{\lambda^2 P\eta_{\mathrm{d},i}^2}{L}\right)^2}{\left(\dfrac{\alpha\lambda^2 P\eta_{\mathrm{d},i}^2}{L}+1\right)^2} + \frac{\dfrac{\lambda^4}{L^2}\eta_{\mathrm{r},i}^4 - 2\dfrac{\lambda^2}{L}\eta_{\mathrm{r},i}^2\left(\alpha\dfrac{\lambda^2}{L}\eta_{\mathrm{r},i}^2 - \alpha + 1\right)}{(1-\alpha)^2\left(\alpha\dfrac{\lambda^2}{L}\eta_{\mathrm{r},i}^2 - \alpha + 1\right)^2} \right]
$$

$$
= \frac{1}{2\ln 2} \sum_{i=M}^{N_{\mathrm{t}}} \frac{C_1 x^2 + C_2 x + C_3}{(1-\alpha)^2\left(\alpha\dfrac{\lambda}{L}\eta_{\mathrm{r},i}^2 - \alpha + 1\right)^2\left(\dfrac{\alpha\lambda^2 P\eta_{\mathrm{d},i}^2}{L}+1\right)^2}
$$

$$
= \frac{1}{2\ln 2} \sum_{i=M}^{N_{\mathrm{t}}} \frac{C(x)}{(1-\alpha)^2\left(\alpha\dfrac{\lambda}{L}\eta_{\mathrm{r},i}^2 - \alpha + 1\right)^2\left(\dfrac{\alpha\lambda^2 P\eta_{\mathrm{d},i}^2}{L}+1\right)^2} \tag{4-50}
$$

其中,

$$
C(x) = C_1 x^2 + C_2 x + C_3, x = \frac{P}{L}\eta_{\mathrm{d},i}^2
$$

$$
C_1 = -\alpha^4\eta_{\mathrm{r},i}^4 \cdot \frac{\lambda^8}{L^2} + \left[2\alpha^2(\alpha-1) + 2\alpha(\alpha-1)^3\right]\eta_{\mathrm{r},i}^2 \cdot \frac{\lambda^6}{L} - (1-\alpha)^4\lambda^4
$$

$$C_2 = 2\alpha \frac{\lambda^4}{L} \eta_{\mathrm{r},i}^2 \left[\left(1 - \frac{\lambda^2}{L} \eta_{\mathrm{r},i}^2 \right) (2\alpha - 1) - 1 \right]$$

$$C_3 = \frac{\lambda^2}{L} \eta_{\mathrm{r},i}^2 \left[\left(1 - \frac{\lambda^2}{L} \eta_{\mathrm{r},i}^2 \right) (2\alpha - 1) - 1 \right] \tag{4-51}$$

其中,

$$C_2 = 2\alpha \lambda^2 C_3 \tag{4-52}$$

因为 $0 < \alpha < 1$, 所以 $C_1 < 0$。

通过对 C_2 简单分析, 可以得出

$$
\begin{aligned}
C_2 &= 2\alpha \frac{\lambda^4}{L} \eta_{\mathrm{r},i}^2 \left[\left(1 - \frac{\lambda^2}{L} \eta_{\mathrm{r},i}^2 \right) (2\alpha - 1) - 1 \right] \\
&= 2\alpha \frac{\lambda^4}{L} \eta_{\mathrm{r},i}^2 (kz - 1) \\
&= 2\alpha \frac{\lambda^4}{L} \eta_{\mathrm{r},i}^2 C_{22}(z)
\end{aligned}
\tag{4-53}
$$

其中, $C_{22}(z) = kz - 1$, $k = 1 - \frac{\lambda^2}{L} \eta_{\mathrm{r},i}^2$, $z = 2\alpha - 1$。利用式 (4-7) 的第二个约束, 有 $\lambda^2 \mathrm{Tr}(\tilde{\boldsymbol{K}}^{\mathrm{H}} \tilde{\boldsymbol{K}}) \leqslant L$, 而一般有 $\mathrm{Tr}(\tilde{\boldsymbol{K}}^{\mathrm{H}} \tilde{\boldsymbol{K}}) \geqslant 1$, 因此, $\lambda^2 \leqslant L$, $\lambda \leqslant \sqrt{L} \leqslant L$。进而考虑 $0 < \alpha < 1$ 和 $0 \leqslant \eta_{\mathrm{r},i} \leqslant 1$, 因此 z 和 k 分别满足 $-1 < z < 1$ 和 $0 \leqslant k \leqslant 1$。

(1) 当 $\eta_{r,i} = 1$ 且 $\frac{\lambda^2}{L} = 1$ 时, $k = 0$。此时, $C_{22}(z)$ 是一个常量, $C_{22}(z) = -1 < 0$。

(2) 其他情况下有 $k > 0$。此时, $C_{22}(z)$ 是关于 z 的单调递增函数。在区间 $-1 < z < 1$ 中, 有 $C_{22}(z) < C_{22}(z)|_{z=1} = -\frac{\lambda^2}{L} \eta_{\mathrm{r},i}^2 \leqslant 0$, 即 $C_2 < 0$。

综上所述, 有 $C_{22}(z) < 0$, 由式 (4-53) 可知 $C_2 < 0$。

进而, 由公式 (4-52) 可知 $C_3 < 0$。

由于 $C_1 < 0$, $C(x)$ 是 x 的二次函数。基于二次函数的性质, 可以看出 $C(x)$ 是一个向下开口的抛物线。其对称轴为 $x_0 = -\frac{C_2}{2C_1}$, 且 $-\frac{C_2}{2C_1} > 0$。因此, $C(x)$ 在 $\left[0, \frac{P}{L} \right]$ 上单调递减, 则 $C(x) \leqslant C(x)|_{x=0} = C_3 < 0$, 即 $C(x) < 0$。由式 (4-50), 可以得到 $\frac{\mathrm{d}^2 R_{\mathrm{S}}}{\mathrm{d}\alpha^2} < 0$。

第5章 多天线、多不可信中继网络中的中继选择方案

5.1 引　　言

5.1.1 研究背景

中继技术可以拓展通信距离，改善通信信号，提高能量效率，是无线通信中的一项关键技术，也是研究热点 [1,2]。近年来，无人机辅助中继通信应用广泛，与静态中继相比，它可以根据网络拓扑动态调整中继位置 [3]。然而，当有多个中继节点可用时，从经济、能耗等角度来看，全部中继节点都参与通信是不合适的，甚至一些信道质量较差的中继节点会降低网络性能。因此，针对实际情况，优化选择合适的中继节点参与通信具有重要的意义。另外，中继选择会增加系统复杂度和额外的开销。兼顾复杂度、开销、性能损失等因素，优化中继选择具有一定的挑战性 [4]。

当中继节点不可信时，它们试图在完成中继功能的同时窃听有用信号，系统优化时需要进一步考虑系统安全传输，中继选择优化过程更为复杂，需要综合考虑安全性、吞吐量、复杂度和开销 [5]，达到多性能指标的折中。协同中继网络中的分布式波束形成可以有效提高物理层安全性能 [5]，但分布式波束形成技术需要较高的开销和更高的复杂度。一种机会式中继技术可以最小化系统开销，它仅选择了一个可以实现最高安全性能的中继 [6]。本章研究的正是多天线、多中继不可信网络中的单个中继选择优化方案。

本章针对多天线、多中继不可信网络中的单个中继选择优化设计，从不同的角度提出两种优化策略：

(1) 5.2 节针对下行传输提出了一种符号分离和波束形成的中继选择方案。在这个方案中，首先根据信道特性，选择信道增益最大的两个中继参与中继通信。然后，将调制符号的实部和虚部分离，采用定向波束形成技术把已调符号的实部对齐

到选中的一个中继上，再把已调符号的虚部发射到另外一个中继上。通过采用迫零波束形成技术，把其他中继置于合法传输信号的零空间中，从而保证其他中继上接收不到或接收少量的有用信息。以误码率作为安全评估指标[35]，任何不可信的中继节点在所有信噪比上仅能获得比 0.25 更差的误码率，保证了系统的安全性。同时，这种中继选择方案可以获得较高的通信速率。

(2) 在 5.3 节中，进一步考虑双向传输，针对多天线、多不可信中继网络，研究了优化中继选择策略。在信号传输之前进行中继选择，在传输过程中使用基于迫零技术的定向波束形成技术，将其他未被选中的不可信中继节点位于合法传输信号的零空间中，保证未被选中的不可信中继节点不能截获到有用信号。进一步，提出了三种中继选择优化策略：基于和速率最大准则考虑公平性的基于最小单向安全速率最大化准则以及考虑复杂度的基于最小单向安全速率下限最大化准则。而且，详细推导了三种准则的安全中断概率的闭合表达式，仿真验证了不同准则的安全速率、安全中断概率等指标下的优越性。

5.1.2　相关工作

在不可信中继网络中，是否存在源节点到目的节点的直接通信链路很大程度上影响了系统的安全性能。例如，在中继网络中，源节点和目的节点之间存在直接链路时，安全中继选择将变得更加容易。在源节点和目的节点之间存在直接链路时，文献 [7] 研究了最优源节点的选择策略。针对同时存在中继链路和直接链路的情况，文献 [8] 推导了安全中断概率的下限表达式，并基于此提出直接链路和中继链路的切换策略。

然而，如果通信系统中不存在直接链路，源节点和目的节点的信息交换仅能通过不可信中继节点进行，当源节点–中继节点链路的信噪比总是比源节点–中继节点–目的节点链路的信噪比高时[2]，系统不能进行安全传输，即安全速率为负值。为了保证系统可以进行安全传输，也就是说，保证安全速率为正值，目前已经有多个文献研究了单个[9]或多个[10]不可信中继网络中的协作干扰对系统安全性能的影响。针对放大–转发不可信中继网络，Sun 等[11]基于极值理论详细推导了可达安全速率的下限，并基于这个下限提出了一种新颖的中继选择策略。文献 [12] 研究了机会式协作安全中继传输系统的分集阶数，发现分集阶数与不可信中继节点数量无关，并验证了增加协同干扰发射功率可以提高系统的安全性能。当源节点可以发射协作干扰时，文献 [13] 推导了遍历安全速率下限的闭合表达式。文献 [11]~[13] 中的研究结果表明，减小不可信中继节点数量，可以提高遍历安全速率，这一结论与可信中继网络中的结论是相反的。

　　近年来，中继应用场景中的中继选择策略也受到了关注[10,14]。特别地，两跳中继网络中每一跳都需要执行中继优化选择操作，以此来改善系统性能。文献 [10] 提出了一种不同的不可信中继节点选择方案，推导了安全中断概率的闭合表达式。为了降低文献 [10] 所提方法的复杂度，文献 [14] 进一步研究了部分中继选择策略，即仅基于中继节点到目的节点的信道质量来选择中继，以此降低复杂度、减小开销。文献 [15] 分析了存在窃听者时的安全中断概率，采用 max-min 优化原则来优化选择最优中继，但是残余自干扰会降低安全性能。

　　针对上行传输，文献 [16] 提出了联合最优中继选择和最优功率分配的优化方案，推导了高信噪比条件下的安全中断概率，并证明了增加不可信中继节点的数量可以提高遍历安全速率。进而，文献 [5] 通过引入协作干扰来最大化瞬时安全速率，提出了具有最优功率分配的新的中继选择准则，并讨论了对安全性能的改善。同时，证明了随着不可信中继数量的增加，遍历安全速率也增加。

　　上述所有工作都是研究单向传输的协作不可信中继网络的优化选择，或研究存在外部窃听节点的双向可信中继网络的可信中继选择。本章进一步增加研究场景的复杂度，考虑双向、多天线、多不可信中继网络的中继优化选择算法与方法。

5.2　基于符号分离和波束形成的单向不可信中继选择方案

　　在多天线中继网络中，传输要保证安全性。本节提出了一个基于符号分离和波束形成的方案来实现安全传输。

5.2.1　系统模型和传输模型

　　在研究的系统中，基站 (BS) 选择至少一个不可信中继节点 R_i(共 N 个不可信中继节点) 给目的节点 D 传输有用信息 $\boldsymbol{a} = \{a_0, a_1, \cdots, a_{K-1}\} \in [0,1]^K$，系统模型如图 5-1 所示。由于长距离传输或阴影效应，BS 和 D 之间不存在直接传输链路，因此，BS 和 D 之间的只能通过中继进行通信。假设所有的节点都工作在半双工模式，且所有节点接收到的噪声都是均值为 0、方差为 N_0 的复加性高斯噪声。

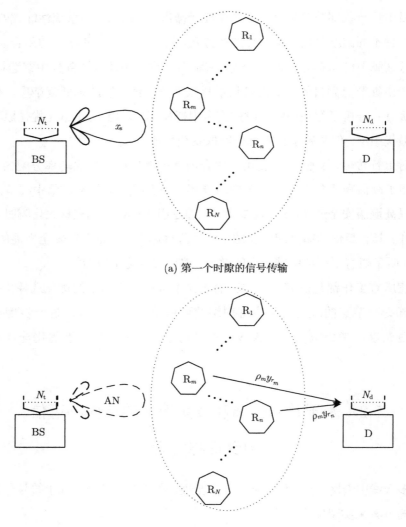

(a) 第一个时隙的信号传输

(b) 第二个时隙的信号传输

图 5-1　系统模型

假设 BS 配置有 N_t 根天线,目的节点 D 有 N_d 根天线,所有的中继都是单天线的,且假设 $N_t \geqslant N_d \geqslant 2$,保证能够充分利用天线的分集增益。传输过程中采用 M 进制调制技术 (如 MPSK 或 QAM 调制),将待传输信息序列 $\boldsymbol{a}$ 中 $q = \log_2 M$ 个比特映射为一个单位平均功率的复信号 $s = s_R + js_I$,其中 s_R 和 s_I 分别为复信号 s 的实部和虚部。尽管可以在系统中加入信道编码,但是为了清晰地分析和理解安全性能的增益,在这个系统中未考虑信道编码。

本系统设计的信号传输模型如下:在第一个时隙,基站 BS 发射信号 $\boldsymbol{x}_s \in \mathbb{C}^{N_t \times 1}$ 给中继节点,假设第 i 个不可信中继节点 R_i 被选中作为传输的中继节点。因此,在第 i 个不可信中继节点 R_i 收到信号 y_{r_i} 可表示为

$$y_{r_i} = \boldsymbol{h}_{r_i} \boldsymbol{x}_s + n_{r_i} \tag{5-1}$$

其中,n_{r_i} 是均值为 0 和方差为 N_0 的复加性高斯白噪声,实部和虚部独立同分布;$\boldsymbol{h}_{r_i} \in \mathbb{C}^{1 \times N_t}$ 是 BS 到第 i 个中继节点的信道向量。

在第二个时隙,第 i 个中继节点的发射信号为 $x_{r_i} = \rho_i y_{r_i}$,ρ_i 是放大因子。需要注意的是,所有没被选中的不可信中继节点会接收 $\boldsymbol{x}_{r_i}$ 并窃听有用信息。因此,假设基站 BS 在第二个时隙会发射人工噪声去干扰这些没被选中的中继节点解析有用信号,目的节点 D 从第 i 个中继节点接收到的信号 $\boldsymbol{y}_{d_i}$ 可表示为

$$\boldsymbol{y}_{d_i} = \boldsymbol{h}_{d_i} x_{r_i} + n_{d_i} \tag{5-2}$$

其中,$n_{d_i} \in \mathbb{C}^{N_d \times 1}$ 表示目的节点 D 接收到的复加性高斯白噪声;$\boldsymbol{h}_{d_i} \in \mathbb{C}^{N_d \times 1}$ 是第 i 个中继节点到目的节点 D 之间的信道向量。假设 BS、第 i 个中继节点的发射功率受限,记为 $\mathbb{E}[\|\boldsymbol{x}_s\|_2^2] \leqslant P_s$ 和 $\mathbb{E}[|x_{r_i}|^2] \leqslant P_{r_i}$,其中,$P_s$、$P_{r_i}$ 分别为 BS 和第 i 个中继节点最大发射功率。

5.2.2 联合符号分离和波束形成的中继选择方案

本小节所研究的系统属于多窃听者网络,任何一个不可信中继节点在实现放大–转发功能的同时,也会窃听 BS 发射的有用信息。而且,从 BS 到中继节点的发射过程中,具有强信道增益的中继节点具有更强窃听有用信息的能力。从中继功能来说,更希望这些具有强信道增益的中继节点参与中继传输。考虑到这两方面

的矛盾，需要进行优化设计，在保证强信道增益的中继节点协助完成中继传输的前提下，保证系统的安全性。基于这种考虑，提出了一种符号分离和定向波束形成的中继选择方案，其中，定向波束形成技术可以帮助将有用信号对准到选择的中继节点，同时避开其他未被选中的中继节点。

　　假设 BS 具有全局的信道状态信息，它首先根据信道向量 h_{r_i} 选择出信道增益 $\|h_{r_i}\|$ 最强的两个中继节点 R_m 和 R_n。为了保证 R_m 和 R_n 不能窃听有用信息，提出了一种符号分离和波束形成的方案。

　　基站 BS 将只含有有用信号的实部定向传输给 R_m，将只含有有用信号的虚部定向传输给 R_n。此外，为了确保其他中继无法窃听有用信号，设计波束成形器时，将发射的有用信号投影到基站 BS 到未被选中的中继节点的信道对应的零空间里。定义从 BS 到 R_m 以外和从 BS 到 R_n 以外的其他所有中继的信道矩阵分别为 $H_{\bar{m}} \in \mathbb{C}^{(N-1)\times N_t}$ 和 $H_{\bar{n}} \in \mathbb{C}^{(N-1)\times N_t}$，可以表示为

$$H_{\bar{m}} = \left[h_{r_1}^{\mathrm{T}} \cdots h_{r_{m-1}}^{\mathrm{T}} h_{r_{m+1}}^{\mathrm{T}} \cdots h_{r_N}^{\mathrm{T}} \right]^{\mathrm{T}}$$

$$H_{\bar{n}} = \left[h_{r_1}^{\mathrm{T}} \cdots h_{r_{n-1}}^{\mathrm{T}} h_{r_{n+1}}^{\mathrm{T}} \cdots h_{r_N}^{\mathrm{T}} \right]^{\mathrm{T}}$$

(5-3)

从式 (5-3) 知道，可以利用奇异值对 $H_{\bar{m}}$ 进行分解得到 $H_{\bar{m}} = U_{\bar{m}} \Sigma_{\bar{m}} V_{\bar{m}}^{\mathrm{H}}$，其中，$\Sigma_{\bar{m}} \in \mathbb{C}^{(N-1)\times N_t}$ 是包含 $H_{\bar{m}}$ 所有奇异值的对角矩阵，$U_{\bar{m}} \in \mathbb{C}^{(N-1)\times(N-1)}$ 和 $V_{\bar{m}} \in \mathbb{C}^{N_t \times N_t}$ 均是酉矩阵。因为 $N_t > N-1$，所以 $\Sigma_{\bar{m}}$ 可进一步分解为 $\Sigma_{\bar{m}} = [\tilde{\Sigma}_{(N-1)\times(N-1)} 0_{(N-1)\times(N_t-N+1)}]$。进一步分解矩阵 V 可得 $V = [V_1 V_2]$，其中，$V_1 \in \mathbb{C}^{N_t \times (N-1)}$，$V_2 \in \mathbb{C}^{N_t \times (N_t-N+1)}$，且 V_2 的列张成的子空间即为 $H_{\bar{m}}$ 的零空间，即 $H_{\bar{m}} V_2 = 0$。同理，可以获得与 $H_{\bar{n}}$ 的零空间相对应的正交基矩阵 $T_2 \in \mathbb{C}^{N_t \times (N_t-N+1)}$。最终，BS 发射信号的波束形成预编码矩阵可选择为：发射实部的预编码向量 $h_{\bar{m}}^{\perp} \in \mathbb{C}^{N_t \times 1}$ 表示矩阵 V_2 对应空间中的一个列向量，发射虚部的预编码向量 $h_{\bar{n}}^{\perp} \in \mathbb{C}^{N_t \times 1}$ 表示矩阵 T_2 对应子空间中的一个列向量。一种简单的选择方式可以为 $h_{\bar{m}}^{\perp}$ 选择 V_2 的任一列，而 $h_{\bar{n}}^{\perp}$ 选择 T_2 的任一列。此时，BS 发射的信号可以表示为

$$x_{\mathrm{s}} = \left[\sqrt{0.5P_{\mathrm{s}}} h_{\bar{m}}^{\perp} \quad \sqrt{0.5P_{\mathrm{s}}} h_{\bar{n}}^{\perp} \right] [s_{\mathrm{R}} \quad s_{\mathrm{I}}]^{\mathrm{T}}$$

(5-4)

其中，$\sqrt{0.5P_{\mathrm{s}}}$ 表示均等地将功率分配给了信号的实部和虚部。需要注意的是，等功

率分配并不是最优功率分配, 但重点研究的是考虑安全传输的中继选择, 等功率分配方案可以有助于聚焦在研究的重点内容上。

中继节点 R_i 上接收到的信号为

$$y_{r_i} = \sqrt{0.5P_s}\boldsymbol{h}_{r_i}\boldsymbol{h}_{\bar{m}}^{\perp}s_R + \sqrt{0.5P_s}\boldsymbol{h}_{r_i}\boldsymbol{h}_{\bar{n}}^{\perp}s_I + n_{r_i} \tag{5-5}$$

由于预编码向量 $\boldsymbol{h}_{\bar{m}}^{\perp}$ 和 $\boldsymbol{h}_{\bar{n}}^{\perp}$ 的优化设计, 当 $i \neq m$ 时, $\boldsymbol{h}_{r_i}\boldsymbol{h}_{\bar{m}}^{\perp} = 0$; 当 $i \neq n$ 时, $\boldsymbol{h}_{r_i}\boldsymbol{h}_{\bar{n}}^{\perp} = 0$。则中继节点 R_i 接收到的信号可表示为

$$y_{r_i} = \begin{cases} \sqrt{0.5P_s}\boldsymbol{h}_{r_m}\boldsymbol{h}_{\bar{m}}^{\perp}s_R + n_{r_m} & (i = m) \\ \sqrt{0.5P_s}\boldsymbol{h}_{r_n}\boldsymbol{h}_{\bar{n}}^{\perp}s_I + n_{r_n} & (i = n) \\ n_{r_i} & (i \neq m, i \neq n) \end{cases} \tag{5-6}$$

基于式 (5-6) 的结论, 可通过最大化 $\left|\boldsymbol{h}_{r_m}\boldsymbol{h}_{\bar{m}}^{\perp}\right|$ 设计预编码向量 $\boldsymbol{h}_{\bar{m}}^{\perp}$, 即 $\boldsymbol{h}_{\bar{m}}^{\perp} = \arg\max_j \left|\boldsymbol{h}_{r_m}\boldsymbol{h}_{\bar{m}}^{\perp}\right|$; 通过最大化 $\left|\boldsymbol{h}_{r_n}\boldsymbol{h}_{\bar{n}}^{\perp}\right|$ 设计预编码向量 $\boldsymbol{h}_{\bar{n}}^{\perp}$, 即 $\boldsymbol{h}_{\bar{n}}^{\perp} = \arg\max_j \left|\boldsymbol{h}_{r_n}\boldsymbol{h}_{\bar{n}}^{\perp}\right|$。

根据上面的符号分离、波束形成以及预编码设计, 采用 QPSK 调制, 在所选 R_m 和 R_n 处分别只能接收有用信号的实部和虚部, 这两个中继的接收误比特率 (bit error rate, BER) 不会优于 0.25。而对于其他不可信中继节点 $R_i (i \neq m, i \neq n)$ 只能接收到噪声, 无法接收到有用信号。通过上述分析, 所提的方案可以保证系统的安全性。

在信息传输过程的第二个时隙中, R_m 和 R_n 放大-转发的信号为 $x_{r_m} = \rho_m y_{r_m}$ 和 $x_{r_n} = \rho_n y_{r_n}$, 其中, ρ_m 和 ρ_n 表示 R_m 和 R_n 的放大因子。完成中继放大-转发、源节点协作干扰以及合并接收的操作, 在目的节点 D 处接收到的信号为

$$\boldsymbol{y}_{d_{m,n}} = \rho_m \boldsymbol{h}_{d_m} y_{r_m} + \rho_n \boldsymbol{h}_{d_n} y_{r_n} + \boldsymbol{n}_d$$

$$= \left[\rho_m\sqrt{0.5P_s}\boldsymbol{h}_{d_m}\boldsymbol{h}_{r_m}\boldsymbol{h}_{\bar{m}}^{\perp} \quad \rho_n\sqrt{0.5P_s}\boldsymbol{h}_{d_n}\boldsymbol{h}_{r_n}\boldsymbol{h}_{\bar{n}}^{\perp}\right]\begin{bmatrix} s_R \\ s_I \end{bmatrix} + \boldsymbol{n}_0 \tag{5-7}$$

其中, $\boldsymbol{n}_0 = \rho_m \boldsymbol{h}_{d_m} n_{r_m} + \rho_n \boldsymbol{h}_{d_n} n_{r_n} + \boldsymbol{n}_d$ 是目的节点 D 处接收到的等效噪声。利用正则求逆的接收方法, 在目的节点 D 处发送符号 $[s_R \quad s_I]^T$ 可估计为

$$\widehat{\boldsymbol{s}}_d = \left[\boldsymbol{g}_{m,n}^H \boldsymbol{g}_{m,n} + \rho \boldsymbol{I}\right]^{-1} \boldsymbol{g}_{m,n}^H \boldsymbol{y}_{d_{m,n}} \tag{5-8}$$

其中，$g_{m,n} = \begin{bmatrix} \rho_m \sqrt{0.5 P_s} h_{d_m} h_{r_m} h_{\bar{m}}^{\perp} & \rho_n \sqrt{0.5 P_s} h_{d_n} h_{r_n} h_{\bar{n}}^{\perp} \end{bmatrix}$ 是 BS 与 D 之间的等效信道矩阵；$\rho = \left(\|\rho_m h_{d_m}\|^2 + \|\rho_n h_{d_n}\|^2 + 1 \right) N_0$。

需要说明的是，可以通过增大 BS、R_m 和 R_n 等节点的发射功率 P_s、P_{r_m} 和 P_{r_n}，以提高目的节点 D 的等效信噪比，或在目的节点 D 处配置更多天线以获得更大的接收增益，以此进一步改善目的节点 D 的 BER 性能。所提的方案也可以扩展到其他信号的维度，只是利用其他信号维度去隐藏部分信号，使得不可信中继不能接收到有用信号，或只能接收到部分有用信号。然而，当 BS 配置单天线、或中继节点的天线数量大于 BS 的天线数量时，需要采取一些非线性传输方案，如脏纸编码 (dirty paper coding, DPC)[17]。

5.2.3　仿真结果与分析

下面给出一些数值仿真结果，验证提出的符号分离、波束形成方案的有效性。仿真的参数配置如下：QPSK 调制，BS 和 D 的天线数目分别为 $N_t = 8$ 和 $N_d = 2$；假设有 $N = 4$ 个不可信中继，且相互独立，其输出功率均为 $P_{r_i} = 30\text{dB}(i = 1, 2, 3, 4)$；所有接收噪声功率均假设为 $N_0 = 1$，可通过改变 BS 和 R_i 的发射功率 P_s 和 P_{ri} 来调整信噪比 (signal-to-noise ratio, SNR)；所有的仿真均使用 Rayleigh 衰落信道模型，并进行 10000 次独立试验。

图 5-2 显示了不采用所提方案时不可信中继节点和目的节点的 BER 性能。可以看出，不可信中继节点 R_{r_i} 可以获得较好的 BER 性能，且比目的节点 D 的 BER 性能更优异。主要的原因是不可信中继节点只经历了一次信道衰减和噪声，而目的节点经历了两次信道衰减和噪声污染。

为了显示所提出的考虑信道选择的符号分离和波束形成方案的性能优越性，现引入了其他两种常用的安全传输方案进行比较。第一种是人工噪声 (artificial noise，AN) 方案 [18]，在 AN 方案中，BS 同时发送有用信号和人工噪声给信道增益最强的中继节点，人工噪声和有用信号的发射功率相等，以此干扰不可信中继节点的接收，提高系统的安全性。进一步，仿真分析证明功率分配的比例有较小的改变时，系统安全性不会受到影响。基于这个结果，分配给有用信号和人工噪声的功率分别为 $0.55 P_s$ 和 $0.45 P_s$。第二种方案是目的节点协作干扰 (destination assisted jamming DAJ) 方案 [19]，目的节点 D 发射协作干扰信号的功率为 $0.5 P_s$。需要说明的是，对于上述 AN 方案、DAJ 方案以及所提方案，在第二个时隙，BS 必须发射协作干扰信号，以防止其他未被选中的不可信中继节点截获所选中继节点转发的有用信号。

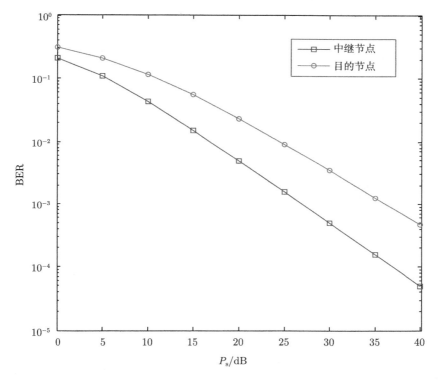

图 5-2 不采用所提方案时不可信中继节点和目的节点的 BER 性能

图 5-3 比较了所提方案与 AN 方案、DAJ 方案在中继处和目的节点处的 BER 性能，这里的结果是 10000 个独立信道对应的平均性能。可以看出，在 AN 方案和 DAJ 方案中，在不可信中继处有很高的误码率。然而，由于部分发射功率浪费在发射人工噪声或者协作干扰，在目的节点处误码率性能较差，在高信噪比条件下分别为 0.125 和 0.07。所提的方案具有很好的安全性，在选择的中继处误码率较大，且由于采用波束形成技术的正交传输，随着发射功率 P_s 的增加，在目的节点处的误码率性能得到明显提高。因此，所提方案对不可信中继的安全性和目的节点的可靠性都有明显的改善。

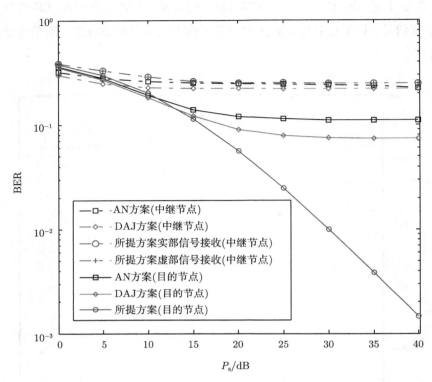

图 5-3　不可信中继网络中所提方案与 AN 方案、DAJ 方案的 BER 性能对比

　　针对多天线、多不可信中继的安全传输应用场景，本节提出了一种联合符号分离和波束形成技术的新方案，确保不可信多中继网络中信息的安全传输。首先，根据其信道强度选择最好的两个不可信中继。然后，设计两个定向波束形成器用来在两个选定的中继节点上实现最大化有用信号实部和虚部的分离接收，通过迫零算法使得其他中继节点无法接收到有用信号。通过这些方案，实现了安全性和性能的最佳组合。与现有的 AN 方案或 DAJ 方案相比，所提出的方案实现了中继节点处较高的 BER 和目的节点处较低的 BER，可以获得可靠的、安全的系统传输。

5.3 双向、多天线、多不可信中继网络的中继选择方案

本节研究了双向、多天线、多不可信中继网络的中继选择方案，推导了不同方案的安全中断概率 (secure outage probability, SOP) 的闭合表达式，并进行了仿真验证。

5.3.1 系统模型和传输模型

考虑的系统模型为一个半双工双向中继网络，其中两个用户 (A 和 B) 借助 N 个不可信中继节点 R 进行有用信息交换，如图 5-4 所示。不可信中继节点作为协作者，完成用户有用信息的放大–转发，同时其作为潜在的窃听者，窃取用户的有用信息。假设每个用户都配备了 N_t 根天线，而每个中继只有一根天线。由于用户 A 和用户 B 两者之间的距离较大或存在大的障碍物，用户 A 和用户 B 之间没有直接通信链路。进一步假设所有信道满足互易性，均属于准静态衰落信道，在一个信号分组传输过程中保持不变。系统传输采用时分双工 (time division duplex, TDD) 工作模式，一次传输需要两个时隙才能完成。在信号传输之前，假设用户 A 和用户 B 都选择了第 i 个中继节点 R_i，而所有其他中继保持静默。

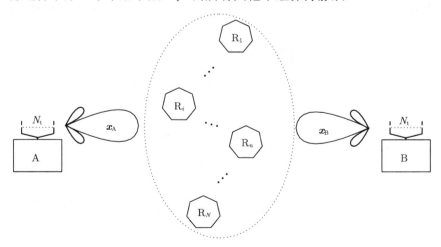

(a) 在第一个时隙，A 和 B 向 R_i 发送有用信号

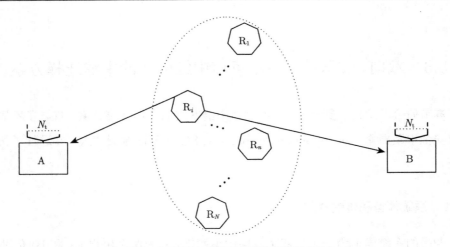

(b) 在第二个时隙，R_i将信号发送给其他所有节点

图 5-4　半双工双向中继网络的系统模型

1. 第一个时隙

在第一个时隙，用户 A 和用户 B 分别向 R_i 发送信号 x_A 和 x_B，其中 $x_j = w_j s_j, j \in \{A, B\}$，$w_j$ 是波束形成向量，s_j 表示用户发送的有用数据符号向量，不希望被中继节点截获和窃听，假设数据符号功率归一化，即 $\mathbb{E}[|s_j|^2] = 1$。在实际应用中，为了保证其他中继节点不能接收到 A 和 B 发送的有用信号，这里用户 A 和用户 B 采用迫零波束形成 (zero-forcing beamforming, ZFBF) 构造 w_A 和 w_B 如下：

$$w_A = \frac{\left(I - \bar{H}_i \left(\bar{H}_i \bar{H}_i^{\mathrm{H}} \right)^{-1} \bar{H}_i^{\mathrm{H}} \right) h_i^{\mathrm{T}}}{\left\| \left(I - \bar{H}_i \left(\bar{H}_i \bar{H}_i^{\mathrm{H}} \right)^{-1} \bar{H}_i^{\mathrm{H}} \right) h_i^{\mathrm{T}} \right\|_{\mathrm{F}}}, \tag{5-9}$$

$$w_B = \frac{\left(I - \bar{G}_i \left(\bar{G}_i \bar{G}_i^{\mathrm{H}} \right)^{-1} \bar{G}_i^{\mathrm{H}} \right) g_i^{\mathrm{T}}}{\left\| \left(I - \bar{G}_i \left(\bar{G}_i \bar{G}_i^{\mathrm{H}} \right)^{-1} \bar{G}_i^{\mathrm{H}} \right) g_i^{\mathrm{T}} \right\|_{\mathrm{F}}}, \tag{5-10}$$

其中，$h_i = [h_1, \cdots, h_{N_t}]$ 表示从用户 A 到中继节点 R_i 的信道向量，且服从复高斯分布 $\mathcal{CN}(0, \sigma_h^2 I)$；$\bar{H}_i^{\mathrm{T}} = \left[h_1^{\mathrm{T}}, \cdots, h_{i-1}^{\mathrm{T}}, h_{i+1}^{\mathrm{T}}, \cdots, h_N^{\mathrm{T}} \right]$ 表示从用户 A 到除第 i 个中继节点以外的所有不可信中继节点的信道矩阵；$g_i = [g_1, \cdots, g_{N_t}]$ 表示从用

户 B 到不可信中继节点 R_i 的信道向量，且服从复高斯分布 $\mathcal{CN}(\mathbf{0}, \sigma_g^2 \boldsymbol{I})$；$\bar{\boldsymbol{G}}_i^T = [\boldsymbol{g}_1^T, \cdots, \boldsymbol{g}_{i-1}^T, \boldsymbol{g}_{i+1}^T, \cdots, \boldsymbol{g}_N^T]$ 表示从用户 B 到除第 i 个中继节点以外的所有不可信中继节点的信道矩阵。这里假设所有信道都服从 Rayleigh 衰落，且是独立同分布的 (i.i.d)[16]；$\|\cdot\|_F$ 表示矩阵或者向量的 Frobenius 范数。

为了保证 ZFBF 的可行性，不可信中继节点的数目 N 必须不大于用户 A 和用户 B 的天线数目 N_t，即 $N_t \geqslant N$。则在中继节点 R_i 处接收的信号可以表示为

$$y_{R_i} = \sqrt{P_A} \boldsymbol{h}_i \boldsymbol{x}_A + \sqrt{P_B} \boldsymbol{g}_i \boldsymbol{x}_B + n_{R_i}, \tag{5-11}$$

其中，P_A 和 P_B 分别是用户 A 和用户 B 的发射功率；n_{R_i} 表示中继节点 R_i 接收到的均值为 0 和方差为 σ_n^2 的复加性高斯白噪声。

2. 第二个时隙

在信息交换的第二个时隙中，中继节点 R_i 以恒定的增益 α_i 放大接收到的信号 y_{R_i}，因此，中继节点 R_i 的发射信号可以表示为 $x_{R_i} = \alpha_i y_{R_i}$。考虑到中继节点 R_i 发射功率的归一化，转发功率增益因子 α_i 可计算为

$$\alpha_i = \frac{P_{R_i}}{P_A |\boldsymbol{h}_i \boldsymbol{w}_A|^2 + P_B |\boldsymbol{g}_i \boldsymbol{w}_B|^2 + \sigma_n^2}, \tag{5-12}$$

其中，P_{R_i} 表示 R_i 的发射功率约束。用户 A 和用户 B 接收到的来自中继节点 R_i 的信号可分别表示为

$$\boldsymbol{y}_{A_i} = \sqrt{\alpha_i}\sqrt{P_A} \boldsymbol{h}_i^H \boldsymbol{h}_i \boldsymbol{x}_A + \sqrt{\alpha_i}\sqrt{P_B} \boldsymbol{h}_i^H \boldsymbol{g}_i \boldsymbol{x}_B + \sqrt{\alpha_i} \boldsymbol{h}_i^H n_{R_i} + \boldsymbol{n}_A, \tag{5-13}$$

和

$$\boldsymbol{y}_{B_i} = \sqrt{\alpha_i}\sqrt{P_A} \boldsymbol{g}_i^H \boldsymbol{h}_i \boldsymbol{x}_A + \sqrt{\alpha_i}\sqrt{P_B} \boldsymbol{g}_i^H \boldsymbol{g}_i \boldsymbol{x}_B + \sqrt{\alpha_i} \boldsymbol{g}_i^H n_{R_i} + \boldsymbol{n}_B, \tag{5-14}$$

其中，$\boldsymbol{n}_A$ 和 $\boldsymbol{n}_B$ 分别是 A 和 B 接收的均值为 0 和方差为 σ_n^2 的复加性高斯白噪声。同时，其他未被选择的中继 $R_\ell (\{\ell = 1, \cdots, N, \ell \neq i\})$ 接收到的信号 y_{R_ℓ} 为

$$y_{R_\ell} = u_{i,\ell} \sqrt{\alpha_i} y_{R_i} + n_{R_\ell}, \tag{5-15}$$

其中，$u_{i,\ell}$ 表示从 R_i 到 R_ℓ 的信道增益。假设用户 A 和用户 B 具有理想的全局信道状态信息 $\boldsymbol{h}_i$ 和 $\boldsymbol{g}_i$，由于 $\boldsymbol{x}_A$ 和 $\boldsymbol{x}_B$ 是用户 A 和用户 B 在第一时隙发送的信号，

对于用户 A 和用户 B 来说是已知的信号, 接收时可以采用自干扰消除技术消除这部分信号的影响, 则式 (5-13) 中的第一项和式 (5-14) 中的第二项可以消去, 用户 A 和用户 B 接收到来自中继节点 R_i 的信号可以重写为

$$y_{\mathrm{A}_i} = \sqrt{\alpha_i}\sqrt{P_{\mathrm{B}}}\boldsymbol{h}_i^{\mathrm{H}}\boldsymbol{g}_i\boldsymbol{x}_{\mathrm{B}} + \sqrt{\alpha_i}\boldsymbol{h}_i^{\mathrm{H}}n_{\mathrm{R}_i} + \boldsymbol{n}_{\mathrm{A}},$$

$$y_{\mathrm{B}_i} = \sqrt{\alpha_i}\sqrt{P_{\mathrm{A}}}\boldsymbol{g}_i^{\mathrm{H}}\boldsymbol{h}_i\boldsymbol{x}_{\mathrm{A}} + \sqrt{\alpha_i}\boldsymbol{g}_i^{\mathrm{H}}n_{\mathrm{R}_i} + \boldsymbol{n}_{\mathrm{B}}. \tag{5-16}$$

因此, 用户 A 和 B 的接收信噪比 (SNR) 可计算为

$$\gamma_{\mathrm{A}_i} = \frac{\alpha_i P_{\mathrm{B}}\left\|\boldsymbol{h}_i^{\mathrm{H}}\right\|^2\|\boldsymbol{g}_i\|^2}{\alpha_i\left\|\boldsymbol{h}_i^{\mathrm{H}}\right\|^2\sigma_{\mathrm{n}}^2 + \sigma_{\mathrm{n}}^2} = \frac{\gamma_{i,\mathrm{A}}\gamma_{\mathrm{B},i}}{\gamma_{i,\mathrm{A}} + \frac{1}{\sigma_{\mathrm{n}}^2}} \tag{5-17}$$

和

$$\gamma_{\mathrm{B}_i} = \frac{\alpha_i P_{\mathrm{A}}\left\|\boldsymbol{g}_i^{\mathrm{H}}\right\|^2\|\boldsymbol{h}_i\|^2}{\alpha_i\left\|\boldsymbol{g}_i^{\mathrm{H}}\right\|^2\sigma_{\mathrm{n}}^2 + \sigma_{\mathrm{n}}^2} = \frac{\gamma_{i,\mathrm{B}}\gamma_{\mathrm{A},i}}{\gamma_{i,\mathrm{B}} + \frac{1}{\sigma_{\mathrm{n}}^2}} \tag{5-18}$$

其中, $\gamma_{\mathrm{A},i} = \frac{P_{\mathrm{A}}}{\sigma_{\mathrm{n}}^2}\|\boldsymbol{h}_i\|^2$, $\gamma_{\mathrm{B},i} = \frac{P_{\mathrm{B}}}{\sigma_{\mathrm{n}}^2}\|\boldsymbol{g}_i\|^2$, $\gamma_{i,\mathrm{A}} = \frac{\alpha_i}{\sigma_{\mathrm{n}}^2}\left\|\boldsymbol{h}_i^{\mathrm{H}}\right\|^2$, $\gamma_{i,\mathrm{B}} = \frac{\alpha_i}{\sigma_{\mathrm{n}}^2}\left\|\boldsymbol{g}_i^{\mathrm{H}}\right\|^2$; $\frac{P_{\mathrm{A}}}{\sigma_{\mathrm{n}}^2}$ 和 $\frac{P_{\mathrm{B}}}{\sigma_{\mathrm{n}}^2}$ 分别是 A 和 B 的等效信噪比; $\frac{\alpha_i}{\sigma_{\mathrm{n}}^2}$ 表示 R_i 的归一等效信噪比。A 和 B 的可达瞬时速率可以分别计算为 $R_{\mathrm{A}} = \frac{1}{2}\log_2(1 + \gamma_{\mathrm{A}_i})$ 和 $R_{\mathrm{B}} = \frac{1}{2}\log_2(1 + \gamma_{\mathrm{B}_i})$。

如前所述, 所有的中继都被认为是不可信的, 必须采用物理层安全技术来保护用户的有用信息不被窃听[20]。根据定义, 如果其中一个用户信息被任意一个不可信的中继截获并解码, 则这个传输系统是不安全的。根据文献 [21], 在双向传输系统中, 单用户信息的可解码性是指不可信中继将另一个用户发送的信息作为干扰, 成功解码该用户的有用信号。需要注意的是, 在本节的模型中, R_i 在第一个时隙接收信号, 而其他中继节点 R_ℓ 在第二个时隙接收从中继节点 R_i 放大–转发的信号。因此, 针对用户 A 的传输过程, 中继节点 R_i 是单用户信息可解码的, 则中继节点 R_i 处接收用户 A 的速率可以简化为

$$\begin{aligned}R_{i,\mathrm{A}} &= \frac{1}{2}\log_2\left(1 + \frac{P_{\mathrm{A}}\|\boldsymbol{h}_i\|^2}{P_{\mathrm{B}}\|\boldsymbol{g}_i\|^2 + \sigma_{\mathrm{n}}^2}\right)\\ &= \frac{1}{2}\log_2\left(1 + \frac{\gamma_{\mathrm{A},i}}{\gamma_{\mathrm{B},i} + 1}\right)\end{aligned} \tag{5-19}$$

其中，$P_B \|\boldsymbol{g}_i\|^2$ 是由 B 的信息传输所产生的干扰；系数 $\frac{1}{2}$ 表示一个传输是需要两个时隙来完成。

类比上面的过程，可以得到中继节点 R_i 处接收用户 B 有用信息的速率为

$$R_{i,B} = \frac{1}{2} \log_2 \left(1 + \frac{\gamma_{B,i}}{\gamma_{A,i} + 1} \right) \tag{5-20}$$

从式 (5-15) 中可以计算出在第二个时隙中，R_ℓ 处接收用户 A 和用户 B 的速率分别为

$$
\begin{aligned}
R_{\ell,A} &= \frac{1}{2} \log_2 \left(1 + \frac{\alpha_i P_A |u_{i,\ell}|^2 \|\boldsymbol{h}_i\|^2}{\alpha_i P_B |u_{i,\ell}|^2 \|\boldsymbol{g}_i\|^2 + \alpha_i |u_{i,\ell}|^2 \sigma_n^2 + \sigma_n^2} \right) \\
&= \frac{1}{2} \log_2 \left(1 + \frac{\gamma_{A,i}}{\gamma_{B,i} + \frac{1}{\gamma_{i,\ell}} + 1} \right)
\end{aligned}
\tag{5-21}
$$

和

$$
\begin{aligned}
R_{\ell,B} &= \frac{1}{2} \log_2 \left(1 + \frac{\alpha_i P_B |u_{i,\ell}|^2 \|\boldsymbol{g}_i\|^2}{\alpha_i P_A |u_{i,\ell}|^2 \|\boldsymbol{h}_i\|^2 + \alpha_i |u_{i,\ell}|^2 \sigma_n^2 + \sigma_n^2} \right) \\
&= \frac{1}{2} \log_2 \left(1 + \frac{\gamma_{B,i}}{\gamma_{A,i} + \frac{1}{\gamma_{i,\ell}} + 1} \right)
\end{aligned}
\tag{5-22}
$$

其中，$\gamma_{i,\ell} = \frac{\alpha_i}{\sigma_n^2} |u_{i,\ell}|^2$。基于上面的分析，需要计算和分析所有不可信中继节点对应的安全速率，其中最小的可达安全速率是双向传输网络重点研究的切入点。在下一小节中，将计算每个传输链路的安全速率，以便从安全速率的角度选择最优中继。

5.3.2 安全速率分析

由文献 [22] 可知，安全速率可以定义为每个传输链路中合法信道和窃听信道可达速率的差异。由于所研究的系统中所有中继都是不可信的，需要将其视为窃听者来确保传输网络的安全性。具有较低安全速率的最不安全中继节点是双向不可信中继传输优化设计的瓶颈，在这种情况下，最不安全中继节点在从 A 到 B 以及

从 B 到 A 的传输链路中具有较大的单用户可解码速率。因此,参照文献 [22] 中的单向安全速率的定义,从 A 到 B 传输链路的安全速率是基于最不安全中继节点计算的,即 $R_{\mathrm{A,B}} = \left[R_{\mathrm{B}} - \tilde{R}_{\mathrm{A}} \right]^{+}$,其中,$[\cdot]^{+} = \max\{0, \cdot\}$,$\tilde{R}_{\mathrm{A}} = \max\limits_{1 \leqslant \ell \leqslant N, \ell \neq i} \{R_{i,\mathrm{A}}, R_{\ell,\mathrm{A}}\}$ 是在两个时隙中针对 A 发送的有用信息的最高单用户可解码速率。而另一个传输链路的安全速率可计算为 $R_{\mathrm{B,A}} = \left[R_{\mathrm{A}} - \tilde{R}_{\mathrm{B}} \right]^{+}$,其中,针对 B 发送的有用信息的最高单用户可解码速率定义为 $\tilde{R}_{\mathrm{B}} = \max\limits_{1 \leqslant \ell \leqslant N, \ell \neq i} \{R_{i,\mathrm{B}}, R_{\ell,\mathrm{B}}\}$。

式 (5-19) 和式 (5-21) 的计算结果是在第一个时隙和第二个时隙针对 A 发送的有用信息不可信中继节点单用户可解码速率,通过对比可知,由于在第二个时隙的可达速率计算公式中出现了额外的噪声项,导致第二个时隙窃听速率小于第一个时隙的窃听速率,因此 A 的单用户可解码速率总是等于第一个时隙的窃听速率,即有 $\tilde{R}_{\mathrm{A}} = R_{i,\mathrm{A}}$。同理,有 $\tilde{R}_{\mathrm{B}} = R_{i,\mathrm{B}}$。因此,从 A 到 B 和从 B 到 A 传输链路的安全速率分别为

$$R_{\mathrm{A,B}} = \frac{1}{2} \log_2 \left(\frac{1 + \dfrac{\gamma_{i,\mathrm{B}} \gamma_{\mathrm{A},i}}{\gamma_{i,\mathrm{B}} + \dfrac{1}{\sigma_{\mathrm{n}}^2}}}{1 + \dfrac{\gamma_{\mathrm{A},i}}{\gamma_{\mathrm{B},i} + 1}} \right) \tag{5-23}$$

和

$$R_{\mathrm{B,A}} = \frac{1}{2} \log_2 \left(\frac{1 + \dfrac{\gamma_{i,\mathrm{A}} \gamma_{\mathrm{B},i}}{\gamma_{i,\mathrm{A}} + \dfrac{1}{\sigma_{\mathrm{n}}^2}}}{1 + \dfrac{\gamma_{\mathrm{B},i}}{\gamma_{\mathrm{A},i} + 1}} \right) \tag{5-24}$$

针对双向不可信中继传输,系统的总的安全速率可定义为 $R_{\mathrm{s}} = R_{\mathrm{A,B}} + R_{\mathrm{B,A}}$,具体计算公式为

$$R_{\mathrm{s}} = \frac{1}{2} \log_2 \left(\frac{(\gamma_{\mathrm{A},i} + 1)(\gamma_{\mathrm{B},i} + 1) \left(\gamma_{\mathrm{B},i} \gamma_{i,\mathrm{A}} + \gamma_{i,\mathrm{A}} + \dfrac{1}{\sigma_{\mathrm{n}}^2} \right) \left(\gamma_{\mathrm{A},i} \gamma_{i,\mathrm{B}} + \gamma_{i,\mathrm{B}} + \dfrac{1}{\sigma_{\mathrm{n}}^2} \right)}{\left(\gamma_{i,\mathrm{A}} + \dfrac{1}{\sigma_{\mathrm{n}}^2} \right) \left(\gamma_{i,\mathrm{B}} + \dfrac{1}{\sigma_{\mathrm{n}}^2} \right) (\gamma_{\mathrm{A},i} + \gamma_{\mathrm{B},i} + 1)^2} \right) \tag{5-25}$$

基于定义的安全和速率,可以优化设计最优中继选择方法,从 N 个可用的不可信中继节点中选择一个节点,保证最大的可达安全和速率。

5.3.3 安全中继选择方案

1. 基于最大安全和速率的中继选择方案

因为本系统优化的主要目标是选择最优的中继节点,最大化双向不可信中继网络可达安全和速率,所以在该方案中,基于式 (5-25) 所示的安全和速率来优化选择第 i 个中继节点,即

$$i_s^* = \arg\max_{1 \leqslant i \leqslant N} R_s \tag{5-26}$$

值得注意的是,根据式 (5-25) 的定义,基于最大安全和速率的中继选择方案并不能保证双向传输的公平性和安全性。换句话说,和速率最大可能是由于一个传输链路的信道条件较好,可以获得较高的安全速率,而另一个传输链路的安全速率却不高,甚至很低,不能保证有用信息避免被窃听。基于这样的考虑,设计另一种考虑公平性的中继选择方案。

2. 基于最小单向安全速率最大化的中继选择方案

安全中断概率定义为安全速率低于给定目标安全速率 $\bar{R}$ 的概率,即 $P_{out} = \mathbb{P}(R \leqslant \bar{R})$ 的概率。因此,对于单向传输,可以通过最小化安全中断概率来优化选择出第 i 个中继节点。但在双向传输中,总安全中断概率需要同时兼顾从 A 到 B 的传输链路和从 B 到 A 的传输链路,或通过两者最差链路的安全速率来计算双向传输的中断概率。因此,采用最大最小准则来同时考虑 $R_{A,B}$ 和 $R_{B,A}$,即将 $R_{A,B}$ 和 $R_{B,A}$ 中最小值最大化,优化选择的准则可以表示为

$$i_{mm}^* = \arg\max_{1 \leqslant i \leqslant N} \{\min\{R_{A,B}, R_{B,A}\}\} \tag{5-27}$$

然而,在实际情况下,这种中继选择方法实现仍然相当困难,原因是当中继的数量很大时,需要大量的搜索。这促使需要基于最大最小方案去寻找另一个复杂度较低、可应用于实际场景的次最优策略。

3. 基于最小单向安全速率下限最大化的中继选择方案

基于上述的分析,为了进一步降低优化的复杂度,这里提出基于每个单向传输

链路可达安全容量 $R_{A,B}$ 和 $R_{B,A}$ 的下限来优化选择中继, 即

$$i_{LB}^* = \underset{1 \leqslant i \leqslant N}{\arg} \max\{\min\{R_{A,B}^{(LB)}, R_{B,A}^{(LB)}\}\} \tag{5-28}$$

其中, $R_{A,B}^{(LB)}$ 和 $R_{B,A}^{(LB)}$ 分别表示从 A 到 B 和从 B 到 A 的传输链路的可达安全速率下限。为了求解式 (5-28) 的优化问题, 首先需要推导出从 A 到 B 的传输链路的可达安全速率下限。根据式 (5-23), 有

$$R_{A,B} = \frac{1}{2} \log_2 \left(\frac{1 + \dfrac{\gamma_{i,B}\gamma_{B,i}}{\gamma_{i,B} + \dfrac{1}{\sigma_n^2}}}{1 + \dfrac{\gamma_{A,i}}{\gamma_{B,i} + 1}} \right)$$

$$\geqslant \frac{1}{2} \log_2 \left(\frac{\dfrac{\gamma_{i,B}\gamma_{A,i}}{\gamma_{i,B} + \dfrac{1}{\sigma_n^2}}}{1 + \dfrac{\gamma_{A,i}}{\gamma_{B,i} + 1}} \right)$$

$$= \frac{1}{2} \log_2 \left(\frac{\gamma_{A,i}(\gamma_{B,i} + 1)}{\gamma_{A,i} + (\gamma_{B,i} + 1)} \right) - \frac{1}{2} \log_2 \left(1 + \frac{1}{\gamma_{i,B}\sigma_n^2} \right)$$

$$\overset{a1}{\geqslant} \frac{1}{2} \log_2 \left(\min\{\gamma_{A,i}, \gamma_{B,i} + 1\} \right) - \frac{1}{2} \log_2 \left(1 + \frac{1}{\gamma_{i,B}\sigma_n^2} \right)$$

$$\overset{a2}{\approx} \frac{1}{2} \log_2 \left(\min\{\gamma_{A,i}, \gamma_{B,i} + 1\} \right)$$

$$= R_{A,B}^{(LB)} \tag{5-29}$$

即有 $R_{A,B}^{(LB)} = \dfrac{1}{2} \log_2 \left(\min\{\gamma_{A,i}, \gamma_{B,i} + 1\} \right)$。在上式中, 第一个不等式是基于 A 到 B 和从 B 到 A 的传输链路具有较高信噪比的假设; 不等式 $(a1)$ 是利用公式 $\dfrac{ab}{a+b} \geqslant \dfrac{1}{2} \min(a, b)$ 这一特性得到的; 进一步利用中继增益足够高 (即 $\gamma_{i,B} \gg 1$), 可以得到表达式 $(a2)$。

同理, 从 B 到 A 的传输链路的可达安全速率下限可以表示为

$$R_{B,A}^{(LB)} = \frac{1}{2} \log_2 \left(\min\{\gamma_{B,i}, \gamma_{A,i} + 1\} \right) - \frac{1}{2} \log_2 \left(1 + \frac{1}{\gamma_{i,A}\sigma_n^2} \right)$$

$$\approx \frac{1}{2} \log_2 \left(\min\{\gamma_{\mathrm{B},i}, \gamma_{\mathrm{A},i} + 1\} \right) \tag{5-30}$$

考虑到 $\gamma_{\mathrm{A},i}$ 和 $\gamma_{\mathrm{B},i}$ 都是正值，将式 (5-29) 和式 (5-30) 代入式 (5-28) 中，可以将最优中继选择优化问题变为

$$i_{\mathrm{LB}}^* = \underset{1 \leqslant i \leqslant N}{\arg} \ \max \min \{\gamma_{\mathrm{A},i}, \gamma_{\mathrm{B},i}\} \tag{5-31}$$

5.3.4 安全中断概率

1. 基于最大安全和速率的中继选择方案

这个中继选择方案是基于最大安全和速率准则进行选择的。根据每个单向传输链路的目标安全速率 $\hat{R}_{\mathrm{A},\mathrm{B}}$ 和 $\hat{R}_{\mathrm{B},\mathrm{A}}$ 可确定各传输链路的安全中断概率，即 $P_{\mathrm{A},\mathrm{B}} = \mathbb{P}(R_{\mathrm{A},\mathrm{B}} \leqslant \hat{R}_{\mathrm{A},\mathrm{B}})$ 和 $P_{\mathrm{B},\mathrm{A}} = \mathbb{P}(R_{\mathrm{B},\mathrm{A}} \leqslant \hat{R}_{\mathrm{B},\mathrm{A}})$。为了方便叙述，假设 $X = \gamma_{\mathrm{A},i}$ 和 $Y = \gamma_{\mathrm{B},i}$，则 $X(\gamma_{\mathrm{a},i})$ 和 $Y(\gamma_{\mathrm{b},i})$ 的概率密度函数 (probability density function, PDF) 分别是 $f_{\gamma_{\mathrm{A},i}}(x) = f_X(x) = \lambda_{\mathrm{A}} \mathrm{e}^{-\lambda_{\mathrm{A}} x}$ 和 $f_{\gamma_{\mathrm{B},i}}(y) = f_Y(y) = \lambda_{\mathrm{B}} \mathrm{e}^{-\lambda_{\mathrm{B}} y}$。由于 $x > 0$ 和 $y > 0$，且具有独立的分布，因此有

$$f_{XY}(x, y) = f_X(x) f_Y(y) = \lambda_{\mathrm{A}} \lambda_{\mathrm{B}} \mathrm{e}^{-\lambda_{\mathrm{A}} x - \lambda_{\mathrm{B}} y} \tag{5-32}$$

引理 5-1 从 A 到 B 和从 B 到 A 的传输链路的安全中断概率可分别表示为

$$P_{\mathrm{A},\mathrm{B}} = 1 - \mathrm{e}^{-\lambda_{\mathrm{A}} \mu_{\mathrm{A}} - \lambda_{\mathrm{B}} \hat{\gamma}_{\mathrm{A},\mathrm{B}}} \tag{5-33}$$

和

$$P_{\mathrm{B},\mathrm{A}} = 1 - \mathrm{e}^{-\lambda_{\mathrm{B}} \mu_{\mathrm{B}} - \lambda_{\mathrm{A}} \hat{\gamma}_{\mathrm{B},\mathrm{A}}} \tag{5-34}$$

其中，$\hat{\gamma}_{\mathrm{A},\mathrm{B}} = 2^{2\hat{R}_{\mathrm{A},\mathrm{B}}} - 1$ 和 $\hat{\gamma}_{\mathrm{B},\mathrm{A}} = 2^{2\hat{R}_{\mathrm{B},\mathrm{A}}} - 1$ 分别是从 A 到 B 和从 B 到 A 的传输链路的目标信噪比；$\mu_{\mathrm{A}} = \dfrac{\hat{\gamma}_{\mathrm{A},\mathrm{B}}}{1 - \dfrac{\hat{\gamma}_{\mathrm{A},\mathrm{B}}(\gamma_{\mathrm{B},i} + \sigma_{\mathrm{n}}^2)}{\gamma_{\mathrm{B},i} + \gamma_{\mathrm{B},i}^2}}$，$\mu_{\mathrm{B}} = \dfrac{\hat{\gamma}_{\mathrm{B},\mathrm{A}}}{1 - \dfrac{\hat{\gamma}_{\mathrm{B},\mathrm{A}}(\gamma_{\mathrm{A},i} + \sigma_{\mathrm{n}}^2)}{\gamma_{\mathrm{A},i} + \gamma_{\mathrm{A},i}^2}}$。

证明 从 A 到 B 的传输链路的安全中断概率可以表示为 $P_{\mathrm{A},\mathrm{B}} = \mathbb{P}(R_{\mathrm{A},\mathrm{B}} \leqslant \hat{R}_{\mathrm{A},\mathrm{B}}) = \mathbb{P}(\tilde{\gamma}_{\mathrm{A},\mathrm{B}} \leqslant \hat{\gamma}_{\mathrm{A},\mathrm{B}})$，其中，根据式 (5-23)，重新定义 $\tilde{\gamma}_{\mathrm{A},\mathrm{B}} = \dfrac{1 + c_1 x}{1 + \dfrac{x}{y+1}}$，$c_1 =$

$\dfrac{\gamma_{i,\mathrm{B}}}{\gamma_{i,\mathrm{B}} + \dfrac{1}{\sigma_{\mathrm{n}}^2}}$。因此,可以计算出 $Z = \tilde{\gamma}_{\mathrm{A,B}}$ 的累积分布函数 (cumulative distribution function, CDF) 为

$$
\begin{aligned}
F_Z(z) &= \mathbb{P}\left(\frac{1 + c_1 x}{1 + \dfrac{x}{y+1}} \leqslant \hat{\gamma}_{\mathrm{A,B}}\right) = \mathbb{P}\left(x \leqslant \mu_{\mathrm{A}}\right) \\
&= \int_0^z \int_0^\infty f_{XY}(x,y)\mathrm{d}x\mathrm{d}y + \int_z^\infty \int_0^{\mu_{\mathrm{A}}} f_{XY}(x,y)\mathrm{d}x\mathrm{d}y \\
&= 1 - \mathrm{e}^{-\lambda_{\mathrm{A}}\mu_{\mathrm{A}} - \lambda_{\mathrm{B}}z}
\end{aligned}
\tag{5-35}
$$

进而可得

$$
F_{\tilde{\gamma}_{\mathrm{A,B}}}(\gamma) = 1 - \mathrm{e}^{-\lambda_{\mathrm{A}}\mu_{\mathrm{A}} - \lambda_{\mathrm{B}}\gamma}
\tag{5-36}
$$

由于安全中断概率是在 $Z = \tilde{\gamma}_{\mathrm{A,B}}$ 小于 $\hat{\gamma}_{\mathrm{A,B}}$ 时定义的,则

$$
\begin{aligned}
P_{\mathrm{A,B}} &= \int_0^{\hat{\gamma}_{\mathrm{A,B}}} f_{\tilde{\gamma}_{\mathrm{A,B}}}(\gamma)\mathrm{d}\gamma \\
&= F_{\tilde{\gamma}_{\mathrm{A,B}}}(\hat{\gamma}_{\mathrm{A,B}}) = 1 - \mathrm{e}^{-\lambda_{\mathrm{A}}\mu_{\mathrm{A}} - \lambda_{\mathrm{B}}\hat{\gamma}_{\mathrm{A,B}}}
\end{aligned}
\tag{5-37}
$$

这就完成了式 (5-33) 的证明。

类似地,式 (5-34) 中从 B 到 A 传输链路的安全中断概率可以用 $\tilde{\gamma}_{\mathrm{B,A}} = \dfrac{1 + c_2 y}{1 + \dfrac{y}{x+1}}$ 来推导,其中,$c_2 = \dfrac{\gamma_{i,\mathrm{A}}}{\gamma_{i,\mathrm{A}} + \dfrac{1}{\sigma_{\mathrm{n}}^2}}$,进而可计算 $Z = \tilde{\gamma}_{\mathrm{B,A}}$ 时的累积分布函数。最终可以得到 B 到 A 传输链路的安全中断概率的表达式为

$$
\begin{aligned}
P_{\mathrm{B,A}} &= \int_0^z \int_0^\infty f_{XY}(x,y)\mathrm{d}x\mathrm{d}y + \int_z^\infty \int_0^{\mu_{\mathrm{b}}} f_{XY}(x,y)\mathrm{d}x\mathrm{d}y \\
&= 1 - \mathrm{e}^{-\lambda_{\mathrm{B}}\mu_{\mathrm{B}} - \lambda_{\mathrm{A}}\hat{\gamma}_{\mathrm{B,A}}}
\end{aligned}
\tag{5-38}
$$

2. 基于最小单向安全速率最大化的中继选择方案

在基于最小单向安全速率最大化的中继选择方案中,安全中断概率是基于两个安全速率及其对应的目标安全速率进行计算的。目标安全速率可以进一步转换

为目标信噪比。基于以下引理,利用从 A 到 B 以及从 B 到 A 的传输链路的目标信噪比,可以计算基于最小单向安全速率最大化的中继选择方案对应的安全中断概率。

引理 5-2　假设 $\hat{\gamma}_{\min} = \min\{\hat{\gamma}_{A,B}, \hat{\gamma}_{B,A}\}$ 是所研究的双向不可信中继网络中两个用户所要求的目标信噪比的最小值,基于最小单向安全速率最大化的中继选择方案的安全中断概率由下式给出

$$P_{\text{out}} = \left(1 - 2e^{-\lambda_A \mu_A - \lambda_B \hat{\gamma}_{\min}} - 2e^{-\lambda_B \mu_B - \lambda_A \hat{\gamma}_{\min}} + e^{-\lambda_A(\mu_A + \hat{\gamma}_{\min}) - \lambda_B(\mu_B + \hat{\gamma}_{\min})}\right)^N$$

$$(5\text{-}39)$$

证明　令 $\zeta = \max \min\{R_{A,B}, R_{B,\dot{A}}\}$ 和 $W = \min\{R_{A,B}, R_{B,A}\}$,有

$$F_W(w) = (\mathbb{P}[\min(R_{A,B}, R_{B,A}) \leqslant w])$$
$$= 1 - \mathbb{P}[R_{A,B} > w, R_{B,A} > w]$$
$$= F_{R_{A,B}}(w) + F_{R_{B,A}}(w) - F_{R_{A,B}R_{B,A}}(w) \qquad (5\text{-}40)$$

将式 (5-37) 和式 (5-38) 代入式 (5-40) 计算,经过一些直接的数学简化后得到

$$F_W(w) = 1 - 2e^{-\lambda_A \mu_A - \lambda_B \hat{\gamma}_{\min}} - 2e^{-\lambda_B \mu_B - \lambda_A \hat{\gamma}_{\min}} + e^{-\lambda_A(\mu_A + \hat{\gamma}_{\min}) - \lambda_B(\mu_B + \hat{\gamma}_{\min})} \quad (5\text{-}41)$$

基于最小单向安全速率最大化的中继选择方案的安全中断概率可由 ζ 的累积分布函数表示。由 $\zeta = \max \min\{R_{A,B}, R_{B,A}\}$ 可知,ζ 是 W 的最大值。根据有序统计量分布理论[23],ζ 的累积概率函数可表示为

$$F_\zeta(w) = \left(1 - 2e^{-\lambda_A \mu_A - \lambda_B \hat{\gamma}_{\min}} - 2e^{-\lambda_B \mu_B - \lambda_A \hat{\gamma}_{\min}} + e^{-\lambda_A(\mu_A + \hat{\gamma}_{\min}) - \lambda_B(\mu_B + \hat{\gamma}_{\min})}\right)^N$$

$$(5\text{-}42)$$

3. 基于最小单向安全速率下限最大化的中继选择方案

在基于最小单向安全速率下限最小化的中继选择方案中,安全中断概率定义为安全速率下限低于给定目标安全速率 $\hat{R}$ 的概率,其中,$\hat{R} = \min(\hat{R}_{A,B}, \hat{R}_{B,A})$。由式 (5-31) 可以观察到,计算安全中断概率只需要考虑第 i 个不可信中继节点从用户 A 或用户 B 接收的最差信号,也即最低信噪比 $\gamma_{A,i}$ 和 $\gamma_{B,i}$。基于以下引理,可以计算基于最小单向安全速率下限最小化的中继选择方案对应的安全中断概率。

引理 5-3　由于 $\gamma_{A,i}$ 和 $\gamma_{B,i}$ 彼此独立, 假设它们分别服从参数为 $\lambda_{A,i}$ 和 $\lambda_{B,i}$ 的指数分布 [10], 且 $\lambda_s = \lambda_{A,i} + \lambda_{B,i}$。因此, 基于最小单向安全速率下限最大化的中继选择方案对应的安全中断概率可计算为

$$P_{\text{out,LB}} = \left(1 - e^{-\lambda_s \gamma_{\text{th}}}\right)^N \approx e^{-Ne^{\lambda_s \gamma_{\text{th}}}} \tag{5-43}$$

其中, $\gamma_{\text{th}} = \min\{\hat{\gamma}_{A,i}, \hat{\gamma}_{B,i}\}$ 是两个传输链路的最小目标信噪比。

证明　令 $\eta = \max\min\{\gamma_{A,i}, \gamma_{B,i}\}$ 和 $W = \min\{\gamma_{A,i}, \gamma_{B,i}\}$, 有

$$F_W(w) = (\mathbb{P}\left[\min\left(\gamma_{A,i}, \gamma_{B,i}\right) \leqslant w\right])$$

$$= 1 - \mathbb{P}\left[W > w\right] = 1 - \mathbb{P}\left[\gamma_{A,i} > w, \gamma_{B,i} > w\right]$$

$$= F_{\gamma_{A,i}}(w) + F_{\gamma_{B,i}}(w) - F_{\gamma_{A,i}\gamma_{B,i}}(w) \tag{5-44}$$

因为 $\gamma_{A,i}$ 和 $\gamma_{B,i}$ 是独立的指数随机变量, 所以通过简单的运算, 可以得到

$$F_W(w) = 1 - e^{-(\lambda_{A,i} + \lambda_{B,i})w} \tag{5-45}$$

根据文献 [23] 中的有序统计量分布理论, 可以直接获得所有 W 的最大值 $\eta = \max\min\{\gamma_{A,i}, \gamma_{B,i}\}$ 的 PDF 和 CDF, 分别计算为

$$f_\eta(w) = N\left(\lambda_s e^{-\lambda_s w}\right)\left(1 - e^{-\lambda_s w}\right)^{N-1} \tag{5-46}$$

和

$$F_\eta(w) = \left(1 - e^{-\lambda_s w}\right)^N \approx e^{-Ne^{\lambda_s w}} \tag{5-47}$$

5.3.5　仿真结果与分析

下面通过给出一些仿真结果来验证所提出的中继选择方案的性能。假设每个用户 A 和 B 配备了 $N_t = 10$ 根天线, 而不可信中继节点的数目设置为 $N = 3, 4, 5$, 每个中继都只配备一根天线。将所有节点的噪声方差设置为 1, 两个用户和中继节点的发射功率相同, 即 $P_A = P_B = P_{Ri}$。在这个假设下, SNR 的大小等于发射功率。

图 5-5 给出了基于最小单向安全速率最大化的中继选择方案 (记为 "max-min 方案")、基于最小单向安全速率下限最大化的中继选择方案 (记为 "max-min LB 方

案")、基于最大安全和速率的中继选择方案 (记为 "和速率最大方案") 和部分中继
选择方案 [14] 四个不同的方案下安全中断概率与 SNR 的关系。当 $N = 4$、$N_t = 10$
和目标安全速率 $\hat{R} = 2\text{bps/Hz}$ 时，可以观察到，max-min 方案比和速率最大方案
以及部分中继选择方案获得的安全中断概率性能更高。这是由于和速率最大方案
总是选择能够产生系统最大安全和速率的中继节点，不能保证在 5.3.3 小节中分析
的两个传输链路的公平性，而部分中继选择方案仅是基于从目的节点到两个用户
的信道质量设计的。另外，max-min LB 方案的性能非常接近通过穷举搜索获得的
max-min 方案的性能，尤其在较高的信噪比条件下，两种方案的性能是基本一致
的。需要说明的事实是，理论计算的安全中断概率与 Monte Carlo 仿真的安全中断
概率能够很好地匹配。

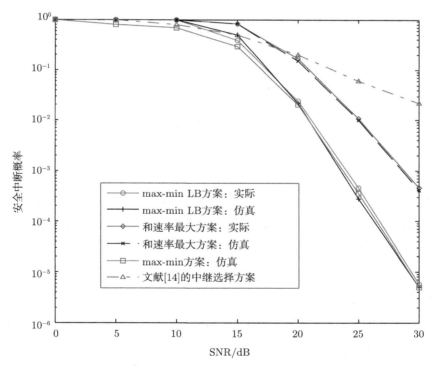

图 5-5 当 $N = 4$ 和 $\hat{R} = 2\text{bps/Hz}$ 时，不同信噪比条件下几种中继选择方案

安全中断概率比较

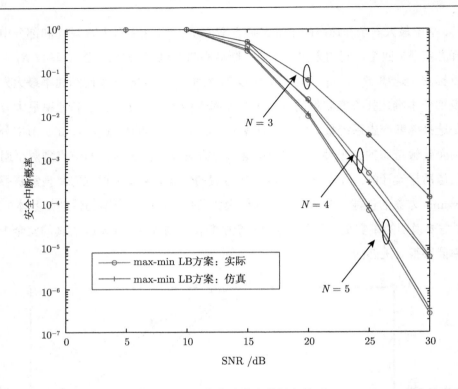

图 5-6   当 $\hat{R} = 2\text{bps/Hz}$ 时，不同不可信中继节点数量条件下 max-min LB 方案的安全
中断概率对比

图 5-6 给出了当 $\hat{R} = 2\text{bps/Hz}$ 时，不同不可信中继节点数量条件下 max-min LB 方案的安全中断概率的对比。可以观察到，通过增加不可信中继节点的数量 N，可以提高保密性能。主要的原因在于：在本系统中，两个用户 A 和 B 均采用迫零波束形成，保证只有选定的中继才能接收来自 A 和 B 的有用信号，因此，通过增加不可信中继节点的数量，整个通信系统可以获得更大的自由度，使得每个链路的信道容量增量超过了窃听容量的增量，进而使得安全性能得到改善。图 5-6 可以进一步验证，仿真的安全中断概率很好的匹配式 (5-47) 的理论计算结果。

需要说明的一点是，这个结论与传统的多不可信中继方案的结论相反 [12]。在传统的中继方案 [12] 中，窃听容量是所有不可信中继节点的窃听容量总和，因此增加中继节点数量一定会降低安全性能。而在本方案中，采用迫零波束形成，保证只有一个中继节点能够窃听有用信息。

图 5-7 显示了在 SNR = 20dB 时，不同不可信中继节点数量条件下安全中断概率与目标安全速率之间的关系。很容易看出，安全中断概率随着目标安全速率增加而恶化，这与基本认知是一致的。另外，还可以发现，通过增加不可信中继节点的数量可以提高系统的安全中断概率，也很好地验证了图 5-4 所示的结论。

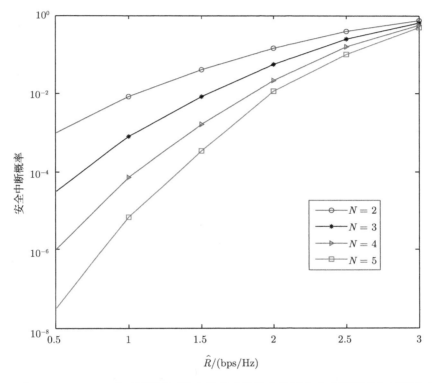

图 5-7 在 SNR = 20dB 时，不同不可信中继节点数量条件下安全中断概率与目标安全速率之间的关系

图 5-8 对比了 max-min LB 方案与其他方案的遍历安全速率。遍历安全速率是不同信道实现条件下平均可达安全速率。可以看出，所提 max-min LB 方案优于文献 [14] 中的中继选择方案，进一步显示了对不可信中继网络使用 max-min LB 方案的优越性。

还可以看出，基于安全和速率最大化的中继选择方案具有更好的安全速率性能，尤其在低信噪比条件下，优势更为明显。当 SNR $\geqslant$ 5dB 时，和速率最大方案即可获得有效的安全速率，而另外两种方案只能在 SNR $\geqslant$ 10dB 时获得正的安全速率。但需要注意的是，和速率最大方案不能保证安全通信的公平性。

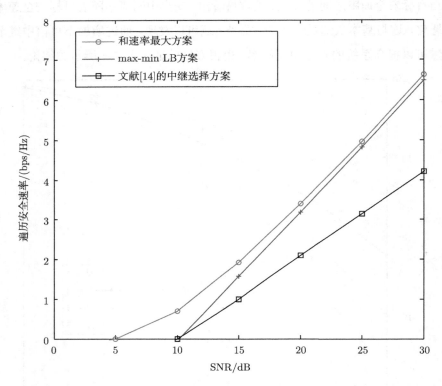

图 5-8　当 $N = 4$ 时，不同中继选择方案下遍历安全速率与信噪比之间的关系

另外，由图 5-8 可以进一步看出，在较高信噪比时，max-min LB 方案与和速率最大方案的可达安全速率一致，但在较低信噪比时，两个方案之间有较大的差异。究其原因是，在式 (5-29) 和式 (5-30) 计算下限时，采用了高中继信噪比假设，即 $\gamma_{i,\mathrm{B}} \gg 1$ 和 $\gamma_{i,\mathrm{A}} \gg 1$。

本节研究了双向不可信中继网络下的中继选择方案。在发送有用信号之前完成最优中继选择，且在每个用户处使用迫零波束成形来确保未被选择的中继不能窃听到信息。针对最优中继选择优化问题，提出了三种不同的方案：① 基于安全和速率最大化的中继选择方案，可以获得最大的系统可达安全和速率，但不能保证双向通信链路的公平性；② 基于最小单向安全速率最大化的中继选择方案，可以克服方案①的不公平问题，但优化复杂度太高；③ 为了降低方案②的优化复杂度，进一步推导出单向安全速率的下限，提出基于最小单向安全速率下限最大化的次优中继选择方案。针对所研究的三种方案，详细推导了其安全中断概率，并通过实验仿真验证理论分析结果。仿真结果表明，在优化选取不可信中继节点时，以安全中断概率为评估指标，安全和速率方案性能最差，采用 max-min 方案具有一定的优越性，在较高 SNR 条件下，具有较低复杂度的 max-min LB 方案可以获得与 max-min 方案接近的安全性能。但是，当考虑安全和速率指标时，安全和速率方案性能最优，这是以牺牲公平性获得的。

参 考 文 献

[1] Sendonaris A, Erkip E, Aazhang B. User cooperation diversity-part I: system description [J]. IEEE Transactions on Communications, 2003, 51(11): 1927-1938.

[2] Laneman J N, Tse D N C, Wornell G W. Cooperative diversity in wireless networks: efficient protocols and outage behavior[J]. IEEE Transactions on Information Theory, 2004, 50(12): 3062-3080.

[3] Zeng Y, Zhang R, Teng J L. Throughput maximization for UAV-enabled mobile relaying systems[J]. IEEE Transactions on Communications, 2016, 64(12): 4983-4996.

[4] Yao R , Xu J , Cn X N E , et al. Optimized BD-ZF precoder for multiuser MIMO-VFDM cognitive transmission[J]. ETRI Journal, 2016, 38(2): 291-301.

[5] Yao R , Li G , Xu J , et al. Space Alignment Based on Regularized Inversion Precoding in Cognitive Transmission[J]. Radioengineering, 2015, 24(3): 824-829.

[6] Wang C, Wang H M, Xia X G. Hybrid opportunistic relaying and jamming with power allocation for secure cooperative networks[J]. IEEE Transactions on Wireless Communications, 2015, 14(2): 589-605.

[7] Deng D, Zhou W, Fan L. Secure selection in untrusted decode-and-forward relay networks with direct links[C]. IEEE Vehicular Technology Conference, 2017: 1-5.

[8] Ju M C, Kim D H, Hwang K S. Opportunistic transmission of nonregenerative network with untrusted relay[J]. IEEE Transactions on Vehicular Technology, 2015, 64(6): 2703-2709.

[9] Mekkawy T, Yao R, Zuo X, et al. Symbol separation andbeamforming to improve secure transmission in multi-untrusted relay networks[J].Electronics Letters, 2018, 54(4):252-

254.

[10] Wang W, Teh K C, Li K H. Relay selection for secure successive AF relaying networks with untrusted nodes[J]. IEEE Transactions on Information Forensics and Security, 2016, 11(11): 2466-2476.

[11] Sun L, Zhang T, Li Y, et al. Performance study of two-hop amplify-and-forward systems with untrustworthy relay nodes[J]. IEEE Transactions on Vehicular Technology, 2012, 61(8): 3801-3807.

[12] Kim J B, Lim J, Cioffi J M. Capacity scaling and diversity order for secure cooperative relaying with untrustworthy relays[J]. IEEE Transactions on Wireless Communications, 2015, 14(7): 3866-3876.

[13] Sun L, Ren P, Du Q, et al. Security-aware relaying scheme for cooperative networks with untrusted relay nodes[J]. IEEE Communications Letters, 2015, 19(3): 463-466.

[14] Krikidis I, Suraweera H A, Smith P J, et al. Full-duplex relay selection for amplify-and-forward cooperative networks[J]. IEEE Transactions on Wireless Communications, 2012, 11(12): 4381-4393.

[15] Zhong B, Zhang Z. Secure full-duplex two-way relaying networks with optimal relay selection[J]. IEEE Communications Letters, 2017, 21(5): 1123-1126.

[16] Kuhestani A, Mohammadi A, Masoudi M. Joint optimal power allocation and relay selection to establish secure transmission in uplink transmission of untrusted relays network[J]. IET Networks, 2016, 5(2): 30-36.

[17] Fakoorian S A A, Swindlehurst A L. Dirty paper coding versus linear GSVD-based precoding in MIMO broadcast channel with confidential messages[C]. IEEE Global Telecommunications Conference, 2011:1-5.

[18] Mukherjee A, Swindlehurst A L. Robust beamforming for security in MIMO wire-tap channels with imperfect CSI[J]. IEEE Transactions on Signal Processing, 2010, 59(1):351-361.

[19] Deng D, Li X, Fan L, et al. Secrecy analysis of multiuser untrusted amplify-and-forward relay networks[J]. Wireless Communications and Mobile Computing, 2017: 1-11.

[20] Popovski P, Yomo H. Wireless network coding by amplify-and-forward for bi-directional traffic flows[J]. IEEE Communications Letters, 2007, 11(1): 16-18.

[21] Tekin E, Yener A. The general Gaussian multiple-access and two-way wiretap channels:

achievable rates and cooperative jamming[J]. IEEE Transactions on Information Theory, 2007, 54(6): 2735-2751.

[22]   Dong L, Han Z, Petropulu A P, et al. Improving wireless physical layer security via cooperating relays[J]. IEEE Transactions on Signal Processing, 2010, 58(3): 1875-1888.

[23]   Yang H C, Alouini M S. Order statistics in wireless communications: diversity, adaptation, and scheduling in MIMO and OFDM systems[M]. Cambridge: Cambridge University Press, 2011.

第6章　非理想信道状态信息下稳健最优功率
分配方案

6.1　引　　言

6.1.1　研究背景

无线通信链路的优化设计需要面对的重大挑战之一是快速变化的信道衰落。一般情况下，无线通信链路的优化都是基于理想或部分理想的信道状态信息 (channel state information, CSI) 已知的条件。事实上，快速变化的信道衰落或大动态变化的多普勒频移使得很难实时估计、反馈准确的信道信息，造成系统参数适配，系统性能下降。这些快速变化的信道衰落和多普勒频移也可以辅助进行优化设计。例如，文献 [1] 利用了快速变化的多普勒分集增益，文献 [2] 利用接收到的信号收集多径和多普勒分集以确定最优的时频接收窗口。然而，文献 [2] 中假定了理想信道状态信息已知，接收机可以实现最优化设计。在高速移动系统中，高精度、实时的估计和跟踪时变信道并不是一件简单的事。同样，当多普勒频移很大时，信道估计误差对性能的恶化十分显著 [1]。

针对非理想信道状态信息的系统设计，已经有了很多研究成果。对于单输入多输出系统中的最大比率合并 (maximal ratio combining, MRC) 接收机，文献 [3] 证明了在非理想信道状态信息条件下，MRC 接收机不是最优的，进而提出了一种基于信道估计误差统计特性的新的分集方法。文献 [4] 研究了预编码 OFDM 系统中非理性信道状态信息对性能的影响。考虑非理想信道状态信息，文献 [5] 研究了高速移动通信系统的最大中断概率，文献 [6] 分析了对频谱效率的影响。

考虑到本书所研究的协作干扰系统，为了最大化频谱效率或能量效率，需要对用户有用信号与协同干扰信号的功率进行最优化分配 [7]。协作干扰节点发射足够功率的干扰信号，从而干扰窃听者截获用户有用信息，同时需要分配足够的发射功率给有用信号以保证吞吐量。另外, 从绿色通信角度来看, 必须最小化总体发射功率 [8]。

鉴于由易到难的研究方法, 本章仅考虑简单的单天线、单中继、单向不可信中继网络, 至于针对能量收集、多天线、多中继的应用场景在非理想信道状态信息条件下的性能和稳健设计将在以后的研究中开展。

在本章中, 针对不可信放大–转发中继通信网络, 当理想信道状态信息未知但其统计特性已知时, 研究有用信号和协作干扰信号稳健最优功率分配方案。本章主要内容包括:

(1) 建立了非理想信道状态条件下系统模型、信号模型和基于最大化安全速率的优化模型。

(2) 对于有界信道估计误差条件, 推导了基于瞬时安全速率最大化的最优功率分配计算表达式, 分析了可达最大安全速率的上、下限。进一步, 推导出遍历安全速率, 并基于这一指标最优化功率分配方案, 实现稳健设计。

(3) 考虑信道估计误差服从高斯分布时, 推导出最优功率分配的精确表达式。引入遍历安全速率, 并基于此开展稳健设计, 重点研究了两种特殊情况下的稳健最优功率分配设计结果。

6.1.2　相关工作

信道估计误差、量化误差和反馈延迟都会产生非理想信道状态信息, 其带来的系统设计失配误差会降低整体系统性能。如何提高信道状态信息的准确性并考虑非理想信道状态条件下的稳健设计, 一直是无线通信领域中的热点研究问题。针对中继网络, 文献 [9] 基于和速率下限研究了非理想信道状态信息对系统性能的影响, 并基于此提出了传输帧最优导频矢量的优化设计。针对模拟网络编码的双向中继传输系统, 文献 [10] 提出采用多项式插值算法来跟踪时变信道, 但这种方法在高速移动系统很难跟踪信道的快速变化。考虑高速移动无线通信系统 (如无人机通信系统), 文献 [11] 讨论了非理想信道状态信息对网络性能的影响, 进而提出了一种基于最小化符号错误率的最优导频模式设计方案, 并提出使用导频辅助的 MMSE 信道估计方法来估计、跟踪快速时变信道衰落系数。

但是, 在考虑系统安全传输时, 信道估计误差的影响更大, 特别是协作干扰系

统 [7]，需要进行合理地消除信道估计误差引起的干扰残差，进而消除或降低这些残差对安全性能的影响。

　　针对多天线通信系统，考虑窃听者也安装多天线，文献 [12] 研究了非理想信道状态信息下的联合波束形成与协作干扰优化设计技术，通过一系列凸问题近似来求解原始非凸问题。文献 [13] 考虑在发射功率约束条件下，推导了稳健的波束形成权重向量。针对多天线可信中继系统，文献 [14] 定量分析了非理想信道状态信息对系统性能的影响，进而精确计算了干扰机最佳天线数量。

　　针对存在不可信中继节点的安全传输，文献 [15] 设计了一种安全传输方案，并基于最大化可达安全速率优化最优功率分配方案。Wang 等 [16] 针对上述工作进行了扩展，并针对大规模天线系统两跳中继网络，研究了一种基于最大化可达安全速率的最优功率分配方案。针对在一个更现实的场景下，考虑节点移动造成的非理想信道状态信息，文献 [17] 推导了多个放大–转发协作中继网络的误码率的闭合表达式。在文献 [18] 中，基于信道估计误差的二阶统计信息，研究了考虑信道不确定性的波束形成和功率分配的联合优化技术，并设计了一种低复杂度实现算法。文献 [18] 考虑的系统是利用可信中继发送协作干扰信号去干扰窃听者的接收，这个算法不太适合不可信中继网络。

　　上述文献研究了非理想信道状态信息对性能损失的评估和稳健设计，但并不适用本书研究的不可信中继网络。针对这一问题，本章基于信道估计误差统计信息，开展一个简单应用场景下的最优功率分配的稳健设计。

6.2　系 统 模 型

　　本章所使用的两跳中继网络的协作干扰和安全传输系统模型如图 6-1 表示，系统由源节点 (A)、一个工作在中继–放大模式下的不可信中继节点 (R) 和目的节点 (B) 组成。每个节点均使用单天线配置。假设由于长距离和阴影衰落的影响，A 和 B 之间没有直接的通信链路。信息的传输遵循半双工时分传输协议，即一次传输需要两个时隙完成。

　　在第一个时隙，源节点 A 发射有用信号 x_A 给中继节点 R，同时目的节点 B 发射协作干扰信号 x_B 给中继节点 R。在第二个时隙，中继节点 R 将接收到的信号经过放大后重新转发给 B, 放大因子为 β。进一步, 假设所有无线信道是时变的瑞利衰落信道, 每个节点接收到的噪声是均值 0, 功率谱密度 (power spectrum density, PSD) 为 N_0 的加性高斯白噪声 (additive white Gaussian noise, AWGN)。令 $h_{\text{A-R}}$、$h_{\text{B-R}}$ 和 $h_{\text{R-B}}$ 分别代表从 A 到 R、从 B 到 R 以及从 R 到 B 的信道增益。进一步, 可以假设信道满足互易性定理 [19], 即 $h_{\text{B-R}} = h_{\text{R-B}}$ 且服从 $h_{\text{B-R}} \sim \mathcal{N}(0, \sigma_{\text{B-R}}^2)$。需要说明的是, 与前面章节复信道和复信号假设不同, 为了考虑后续分析的可行性, 本章考虑的信道和信号均为实的, 在后续的研究中, 将进一步扩展到复信道和复信号。

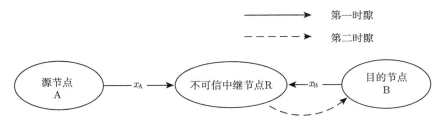

图 6-1　两跳中继网络的协作干扰和安全传输系统模型

在第一个时隙, 中继节点 R 接收到的信号可以表示为

$$z_{\text{R}} = \sqrt{P_{\text{A}}} h_{\text{A-R}} x_{\text{A}} + \sqrt{P_{\text{B}}} h_{\text{B-R}} x_{\text{B}} + n_{\text{R}} \tag{6-1}$$

其中, P_{A} 和 P_{B} 表示 A 和 B 的发射功率; n_{R} 表示中继节点 R 处的加性高斯白噪声, x_{A} 和 x_{B} 不相关且具有单位功率。假设 A 和 B 发送的总功率为 P, $\alpha \in [0,1]$ 表示功率分配因子, 则源节点发射有用信号的功率为 $P_{\text{A}} = \alpha P$, 目的节点 B 发射协作干扰信号的功率为 $P_{\text{B}} = (1 - \alpha) P$。因此, 中继节点 R 处接收的瞬时信干噪比 γ_{R} 可以表示为

$$\gamma_{\text{R}}(\alpha) = \frac{|h_{\text{A-R}}|^2 \alpha P}{|h_{\text{B-R}}|^2 (1 - \alpha) P + N_0} \tag{6-2}$$

其中, $|h_{\text{B-R}}|^2 (1 - \alpha) P$ 表示第一个时隙中继节点 R 接收到 B 发射的协作干扰信号。沿用第 2 章的定义, 同时为了方便后面公式的表述, 中继节点 R 接收到节点 A 和 B 的等效信噪比 (signal-to-noise ratio, SNR) 可以分别表示 $\xi = \gamma_{\text{A-R}} = \dfrac{|h_{\text{A-R}}|^2 P}{N_0}$

和 $\upsilon = \gamma_{\text{B-R}} = \dfrac{|h_{\text{B-R}}|^2 P}{N_0}$，令 μ 表示 A 和 B 等效信噪比的比值，即 $\mu = \dfrac{\gamma_{\text{A-R}}}{\gamma_{\text{B-R}}} = \dfrac{\xi}{\upsilon}$。不失一般性，假定 $N_0 = 1$，信噪比可以通过发射功率进行调整。基于以上的定义，则式 (6-2) 所示的中继节点 R 处接收的信干噪比可以简化为

$$\gamma_{\text{R}}(\alpha) = \frac{\alpha \gamma_{\text{A-R}}}{(1-\alpha)\upsilon + 1} = \frac{\alpha \mu}{(1-\alpha) + 1/\upsilon} \approx \frac{\alpha \mu}{1-\alpha} \tag{6-3}$$

式 (6-3) 的最后一个近似是基于中继节点 R 接收到目的节点 B 协作干扰信号的等效信噪比很高这一假设得到的。在第二个时隙，中继节点会在转发信号前对其进行 β 倍放大，即 $\gamma_{\text{R}} = \beta z_{\text{R}}$。考虑到中继节点发射功率受限于 P，将中继传输信号归一化为 $\|y_{\text{R}}\|^2 = P^{[15]}$，得到放大因子 β 为

$$\beta = \sqrt{\frac{P}{\alpha P |h_{\text{A-R}}|^2 + (1-\alpha)P |h_{\text{B-R}}|^2 + 1}} \tag{6-4}$$

因此，目的节点 B 接收到的信号表示为

$$z_{\text{B}} = \beta \sqrt{\alpha P} h_{\text{A-R}} x_{\text{A}} h_{\text{R-B}} + \beta \sqrt{(1-\alpha)P} h_{\text{B-R}} x_{\text{B}} h_{\text{R-B}} + \beta n_{\text{R}} h_{\text{R-B}} + n_{\text{B}} \tag{6-5}$$

其中，n_{B} 是目的节点 B 接收到的加性高斯白噪声。由于 x_{B} 是目的节点 B 在上一时隙自己发送的协作干扰信号，在目的节点 B 是有完美信道状态信息的条件下，式 (6-5) 中的自干扰项 $\beta \sqrt{(1-\alpha)P} h_{\text{B-R}} x_{\text{B}} h_{\text{R-B}}$ 可以得到完全消除。

这里考虑一个更实际的应用场景，对目的节点 B 来说，信道状态信息是不完美的，但关于信道估计误差的统计信息是可以得到的。考虑非理想的信道状态信息 $\hat{h}$ 是已知的，则

$$h_{\text{B-R}} = \hat{h} + h_{\text{e}} \tag{6-6}$$

其中，$\hat{h}$ 是不可信中继节点 R 与目的节点 B 之间估计的信道增益；h_{e} 是信道估计误差；$h_{\text{B-R}}$ 和 h_{e} 的数学期望分别 $E(h_{\text{B-R}}) = \hat{h}$，$E(h_{\text{e}}) = 0$。通过自干扰消除后，目的节点 B 接收到的信号为

$$z_{\text{B}}^* = \beta \sqrt{\alpha P} h_{\text{A-R}} x_{\text{A}} h_{\text{B-R}} + \beta N_{\text{R}} h_{\text{B-R}} + \beta \sqrt{(1-\alpha)P} (2h_{\text{e}} h_{\text{B-R}} - h_{\text{e}}^2) x_{\text{B}} + n_{\text{B}} \tag{6-7}$$

因此，对于给定的信道增益 $h_{\text{A-R}}$ 和 $h_{\text{B-R}}$，在目的节点 B 处的等价信干噪比表示为

$$\gamma_{\mathrm{B}}(\alpha) = \frac{\alpha P \left|h_{\mathrm{A\text{-}R}}\right|^2 \left|h_{\mathrm{B\text{-}R}}\right|^2}{I + \left|h_{\mathrm{B\text{-}R}}\right|^2 + 1/\beta^2}$$

$$= \frac{\alpha \xi \upsilon}{(2-\alpha)\upsilon + \alpha\xi + (1-\alpha)\left(\varepsilon^2 + 4\varepsilon\upsilon - 4\sqrt{\upsilon\varepsilon^3}\right) + 1}$$

$$= \frac{\alpha\mu\upsilon}{2 - \alpha + \alpha\mu + (1-\alpha)\left(\dfrac{\varepsilon^2}{\upsilon} + 4\varepsilon - 4\varepsilon\sqrt{\dfrac{\varepsilon^3}{\upsilon}}\right) + \dfrac{1}{\upsilon}}$$

$$= \frac{\alpha\mu}{\dfrac{2-\alpha+\alpha\mu}{\upsilon} + (1-\alpha)\left(\left(\dfrac{\varepsilon}{\upsilon}\right)^2 + 4\dfrac{\varepsilon}{\upsilon} - 4\sqrt{\left(\dfrac{\varepsilon}{\upsilon}\right)^3}\right) + \dfrac{1}{\upsilon^2}}$$

$$\approx \frac{\alpha\mu}{\dfrac{2-\alpha+\alpha\mu}{\upsilon} + (1-\alpha)\left(\left(\dfrac{\varepsilon}{\upsilon}\right)^2 + 4\dfrac{\varepsilon}{\upsilon} - 4\sqrt{\left(\dfrac{\varepsilon}{\upsilon}\right)^3}\right)} \qquad (6\text{-}8)$$

其中，$I = (1-\alpha)P \left|2h_{\mathrm{e}}h_{\mathrm{B\text{-}R}} - h_{\mathrm{e}}^2\right|^2$ 表示由于信道估计误差引起的残留干扰，最后一个近似是基于等效信噪比较高的假设。由式 (6-8) 中的第一个等式，可以得到结论：$\gamma_{\mathrm{B\text{-}R}}$ 的增加等价于 P 的增加，$\gamma_{\mathrm{B}}(\alpha)$ 接近于常数 $\dfrac{\alpha \left|h_{\mathrm{A\text{-}R}}\right|^2 \left|h_{\mathrm{B\text{-}R}}\right|^2}{(1-\alpha)\left|2h_{\mathrm{e}}h_{\mathrm{B\text{-}R}} - h_{\mathrm{e}}^2\right|^2}$。

基于式 (6-8) 中的 $\gamma_{\mathrm{B}}(\alpha)$ 和式 (6-3) 中的 $\gamma_{\mathrm{R}}(\alpha)$ 以及文献 [20]，瞬时安全速率可被定义为

$$R_{\mathrm{s}}(\alpha) = \frac{1}{2}\left[\log_2\left(1 + \gamma_{\mathrm{B}}(\alpha)\right) - \log_2\left(1 + \gamma_{\mathrm{R}}(\alpha)\right)\right]^+ \qquad (6\text{-}9)$$

其中，$\dfrac{1}{2}$ 表示一次传输是需要两个时隙来完成；$[\cdot]^+ = \max[\cdot, 0]$。因此，为了保证安全速率为正，必须满足条件 $\gamma_{\mathrm{B}}(\alpha) \geqslant \gamma_{\mathrm{R}}(\alpha)$。

在非理想信道状态信息条件下，通过优化源节点 A 和目的节点 B 的功率分配，使安全速率最大化。基于式 (6-9)，最大化可达安全速率的最优功率分配问题以数学形式表示为

$$\begin{aligned} \alpha_{\mathrm{opt}} &= \arg\max_{\alpha} R_{\mathrm{s}}(\alpha) = \arg\max_{\alpha} \zeta(\alpha) \\ \text{s.t.} \quad & \alpha \in [0,1] \end{aligned} \qquad (6\text{-}10)$$

其中，基于对数运算的单调特性，令 $\zeta(\alpha) = \dfrac{1 + \gamma_{\mathrm{B}}(\alpha)}{1 + \gamma_{\mathrm{R}}(\alpha)}$，其与式 (6-9) 有相同的单调性。因为在区间 $\alpha \in [0,1]$ 上满足 $\dfrac{\mathrm{d}^2\zeta(\alpha)}{\mathrm{d}\alpha^2} < 0$，所以 $\zeta(\alpha)$ 的最大值及其相应的

α_{opt} 是存在的。一般情况下，为了得到最大值，找到最优功率分配因子 α_{opt}，可以通过对 $\zeta(\alpha)$ 做关于 α 的求导操作，并将其等于 0，即通过求解 $\dfrac{\mathrm{d}\zeta(\alpha)}{\mathrm{d}\alpha} = 0$ 在区间 $\alpha \in [0,1]$ 上的根来得到最大值。

6.3　信道估计误差有界条件下优化设计

本节考虑信道估计误差有界条件下的优化设计。假设 $\varepsilon = P\,|h_{\text{e}}|^2$ 为信道估计误差的功率。在本节中，假设 ε 是有限的且服从均匀分布

$$\varepsilon \sim \mathrm{unif}(0, \Omega) \tag{6-11}$$

其中，Ω 表示信道估计误差的功率可达的最大值，则 $\Omega = 0$ 对应于目的节点 B 具有理想信道状态信息的情况。

6.3.1　最优功率分配方案和可达安全速率分析

参照前面章节的最优功率分配求解算法，在非理想信道状态信息条件下，针对式 (6-10) 所示的优化问题，目的节点 B 的最优功率分配因子可计算为

$$\alpha_{\text{opt}} = \frac{k_1 v^2 + k_2 v - \sqrt{k_3} + 2\,(\mu - 1)}{k_1 v^2 - k_4 v + \mu^2 - 2\mu + 1} \tag{6-12}$$

其中，

$$k_1 = \varepsilon - \varepsilon^2, \, k_2 = \mu\varepsilon - 3\varepsilon + 2$$

$$k_3 = v(v\varepsilon + 2)(\mu + 1)(\mu v - \mu - \mu v\varepsilon + 1)$$

$$k_4 = \mu^2 + \mu - 2\mu\varepsilon + 2\varepsilon - 2$$

从式 (6-9) 中，可以知道安全速率是非负的。因此，当 $\gamma_{\text{B}}(\alpha) \geqslant \gamma_{\text{R}}(\alpha)$ 时，系统安全速率为正；否则，安全速率为 0。为了简便，假设 $\varepsilon \ll \gamma$，进而有 $\left(\dfrac{\varepsilon}{\gamma}\right)^3 \approx 0$。利用式 (6-3) 和式 (6-8)，可以得到

$$v^2 - \left(1 + 4\varepsilon + \frac{\alpha\mu}{1 - \alpha}\right) v + \varepsilon^2 \geqslant 0 \tag{6-13}$$

通过求解上述不等式，可以发现：式 (6-9) 中的安全速率在满足式 (6-14) 中的条件时是非负的。

$$v \geqslant \gamma_{\text{crt}} = \frac{1}{2} + 2\varepsilon + \frac{\alpha\mu}{2(1-\alpha)} - \sqrt{\left(1 + 4\varepsilon + \frac{\alpha\mu}{1-\alpha}\right)^2 - 4\varepsilon^2} \tag{6-14}$$

因此，当 v 满足式 (6-14) 中的条件时，通过式 (6-12) 计算出的最优功率分配方案是有效的。在 6.3.3 小节中，将会验证式 (6-14) 中不同 v 值对应的 α_{opt} 值。进一步分析，当协作干扰信道足够好的时候，即 $v \to \infty$，$\alpha_{\text{opt}} \to 1$，意味着几乎将全部的功率分配给源节点 A，此时通信系统是安全的。将式 (6-12) 中的 α_{opt} 代入到式 (6-9) 中，可以得到网络的最大可达安全速率。观察式 (6-2) 和式 (6-8) 不难得出，中继节点 R 的瞬时信干噪比 $\gamma_{\text{R}}(\alpha)$ 与非理想信道状态信息条件无关，而目的节点 B 的瞬时信干噪比 $\gamma_{\text{B}}(\alpha)$ 会受到信道估计误差的影响。进一步分析式 (6-8) 和式 (6-9) 以及 $\varepsilon \ll v$ 的假设，会发现可达安全速率随 ε 的增加而单调递减。因此，可以计算出当 $\varepsilon = \Omega$ 和 $\varepsilon = 0$ 时，对应的最大安全速率的下限 R_{s}^{L} 和上限 R_{s}^{U}。这两个界限在数学上定义为

$$R_{\text{s}}^{\text{L}} = \frac{1}{2}\log_2\left(\frac{1+\gamma_{\text{B}}(\alpha_{\text{opt}})}{1+\gamma_{\text{R}}(\alpha_{\text{opt}})}\right)\bigg|_{\varepsilon=\Omega} \tag{6-15}$$

$$R_{\text{s}}^{\text{U}} = \frac{1}{2}\log_2\left(\frac{1+\gamma_{\text{B}}(\alpha_{\text{opt}})}{1+\gamma_{\text{R}}(\alpha_{\text{opt}})}\right)\bigg|_{\varepsilon=0} \tag{6-16}$$

6.3.2 遍历安全速率和最优功率分配方案

下面引入遍历安全速率 (ergodic secrecy rate, ESR) 表征对于所有 ε 的实现平均可达到的最大安全速率，其表达式为

$$\bar{R}_{\text{s}} = \mathbb{E}_\varepsilon\left[R_{\text{s}}(\alpha)\right] \tag{6-17}$$

考虑有界的信道估计误差，忽略式 (6-8) 分母中 $\frac{\varepsilon}{\gamma}$ 的高次项，可以进一步得到式 (6-8) 的近似表达式为

$$\gamma_{\text{B}}(\alpha) \approx \frac{\alpha\mu}{\frac{2-\alpha+\alpha\mu}{v} + (1-\alpha)\left(4\frac{\varepsilon}{v}\right)} \tag{6-18}$$

将式 (6-3) 和式 (6-18) 代入式 (6-9) 和式 (6-17)，得到遍历安全速率的一般表达式为

$$\bar{R}_{\mathrm{s}}(\alpha) = \frac{1}{2}\mathbb{E}_{\varepsilon}\left[\log_2\left(1 + \frac{\alpha\mu}{\dfrac{2-\alpha+\alpha\mu}{\gamma} + (1-\alpha)\left(4\dfrac{\varepsilon}{\gamma}\right)}\right)\right.$$

$$\left. - \log_2\left(1 + \frac{\alpha\mu}{(1-\alpha) + \dfrac{1}{\gamma}}\right)\right] \tag{6-19}$$

在 $\gamma_{\mathrm{B}}(\alpha)$ 较高的情况下，式 (6-19) 中的遍历安全速率可转化为

$$\bar{R}_{\mathrm{s}}(\alpha) = \frac{1}{2\ln 2}\int_{-\infty}^{\infty} \ln\left(\frac{\alpha\mu}{\dfrac{2-\alpha+\alpha\mu}{\upsilon} + (1-\alpha)\left(4\dfrac{\varepsilon}{\upsilon}\right)}\right) f(\varepsilon)\mathrm{d}\varepsilon$$

$$- \frac{1}{2}\log_2\left(1 + \frac{\alpha\mu}{(1-\alpha) + \dfrac{1}{\upsilon}}\right) \tag{6-20}$$

其中，$f(\varepsilon) = \dfrac{1}{\Omega}$ 是 ε 的概率密度函数。令 $\psi_1 = \dfrac{\alpha\mu\upsilon}{4(1-\alpha)}$ 和 $\psi_2 = \dfrac{\upsilon(2-\alpha+\alpha\mu)}{4(1-\alpha)}$，最终得到的遍历安全速率计算式为

$$\bar{R}_{\mathrm{s}}(\alpha) = \frac{1}{2\Omega\ln 2}\int_0^{\Omega} \ln\left(\frac{\psi_1}{\psi_2+\varepsilon}\right)\mathrm{d}\varepsilon - \frac{1}{2}\log_2\left(1 + \frac{\alpha\mu}{(1-\alpha) + \dfrac{1}{\upsilon}}\right)$$

$$= \frac{1}{2}\log_2\left(\frac{\psi_1}{1 + \dfrac{\alpha\mu}{(1-\alpha)+\dfrac{1}{\upsilon}}}\right) - \frac{1}{2\Omega\ln 2}\int_0^{\Omega}\ln(\psi_2+\varepsilon)\mathrm{d}\varepsilon$$

$$= \frac{1}{2}\log_2\left(\frac{\psi_1}{1 + \dfrac{\alpha\mu}{(1-\alpha)+\dfrac{1}{\upsilon}}}\right) + \frac{\psi_2}{2\Omega\ln 2}(\ln(\psi_2) - 1)$$

$$- \frac{1}{2\Omega\ln 2}(\psi_2+\Omega)(\ln(\psi_2+\Omega) - 1) \tag{6-21}$$

利用式 (6-21) 替换式 (6-10) 中优化问题的目标函数，求解遍历安全速率最大化对应的最优功率分配因子，这个因子考虑误差统计特性，更具有稳健性。然而，由于式 (6-21) 的复杂性较高，不容易求解。这里借助 Matlab 工具进行求解，获得在非理想信道状态条件下的最大遍历安全速率，计算公式为

$$\alpha_{\mathrm{opt}}^* = \frac{D_1\gamma^3 - D_2\gamma^2 + D_3\gamma + D_4}{\gamma^3 + D_5\gamma^2 + D_6\gamma - D_7} \tag{6-22}$$

其中，

$$D_1 = \frac{\dfrac{\mu^2}{\sqrt{(2)}} + \Omega^3}{2\mu} + \frac{(\mu+0.5)^2}{\mu^3 + 2\mu - \Omega^2} - \frac{1}{5+\Omega}, D_2 = \frac{2\Omega}{\mu}$$

$$D_3 = \frac{\mu^2 + 2\mu - 3\mu\Omega}{\mu^2 + 2\Omega}, D_4 = \sqrt{\frac{2\gamma\left(\mu^2+1\right)\left(\mu\Omega^2 + \mu^2 - 1\right)}{D_1}}$$

$$D_5 = (\mu^2+1)(\mu^3 - 2\mu + 1)(\Omega^3 + 3\mu)$$

$$D_6 = \mu^2 - \mu(\Omega^2 - 2) + \Omega$$

$$D_7 = D_2 + \mu\Omega^3 + \frac{D_1}{\mu^2 + 1}$$

在 6.3.3 小节中，将会验证式 (6-21) 中遍历安全速率函数的凹凸性，并依据这个性质保证了最优功率分配因子 α_{opt} 的存在性。类似地，将 α_{opt}^* 代入式 (6-21)，可以得到遍历安全速率可达的最大值。

6.3.3　仿真结果与分析

下面将给出一些数值结果验证之前理论分析的正确性。

图 6-2 展示了在 $\mu = 0.5$ 和 $\Omega = 10^{-2}$ 时系统的可达安全速率及其上、下限。可以发现，最大安全速率随 υ 的增加而增加；当 $\upsilon \geqslant 4.85\mathrm{dB}$ 时，系统可达安全速率是大于零的，此时正好满足式 (6-14) 的信噪比条件。正如前面所分析的一样，随着 υ 的增加，$\gamma_{\mathrm{B}}(\alpha)$ 和 $\gamma_{\mathrm{R}}(\alpha)$ 皆趋近于常数，故可达安全速率趋于常数。因此，可达安全速率上限与可达安全速率的差值会变大，考虑到可达安全速率上限对应于理想信道状态信息条件下的结论，两者差值变大意味着信道估计误差对可达安全速率的影响非常大，尤其在高信噪比条件下。

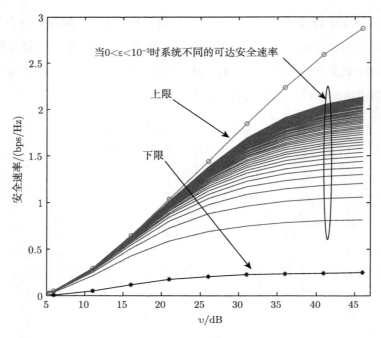

图 6-2　$\mu = 0.5$ 和 $\Omega = 10^{-2}$ 时系统的可达安全速率及其上、下限

　　在接下来的讨论中，首先引入一个归一化信道误差，定义为 $\bar{\varepsilon} = \varepsilon / \upsilon$。图 6-3～图 6-5 展示了不同 μ 和 $\bar{\varepsilon}$ 条件下基于式 (6-12) 计算得到的 α_{opt} 变化情况。在这里讨论三种场景对应节点 A、B 到中继节点 R 的不同的信噪比条件：① 场景 1，$\upsilon > \xi$，$\mu = \dfrac{1}{2}$；② 场景 2，$\upsilon = \xi$，$\mu = 1$；③ 场景 3，$\upsilon < \xi$，$\mu = 2$。这三种场景下的最优功率分配因子 α_{opt} 的变化趋势与图 6-3～图 6-5 一一对应。从图 6-3～图 6-5 中可以看出，在任意情况下，$\alpha_{\mathrm{opt}} \in [0, 1]$。随着 υ 增加，α_{opt} 逐渐趋于 1。这意味着，在协作干扰信道较好的条件下，仅需要给目的节点 B 分配很少的功率，并将大部分功率分配给源节点 A，即可以获得很好的安全速率。此外，当 γ 很小的时候，安全速率会变为 0，表明协作干扰信道太差，即使将所有的功率分配给目的节点 B，也避免不了不可信中继节点 R 对有用信息的窃听，因此就不存在最优功率分配因子 α_{opt}，这与式 (6-14) 的信噪比限制条件相对应。例如，当 $\bar{\varepsilon} = 0.4$ 时，只有当 $\upsilon \geqslant 4.85\mathrm{dB}$ 时，才能进行安全传输。

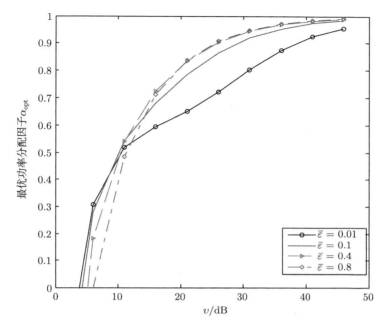

图 6-3　对于不同 $\bar{\varepsilon}$，基于式 (6-12) 得到的最优功率分配因子 ($\mu = 0.5$)

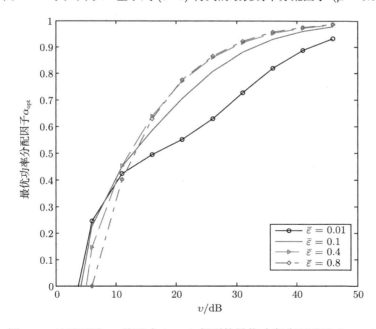

图 6-4　对于不同 $\bar{\varepsilon}$，基于式 (6-12) 得到的最优功率分配因子 ($\mu = 1$)

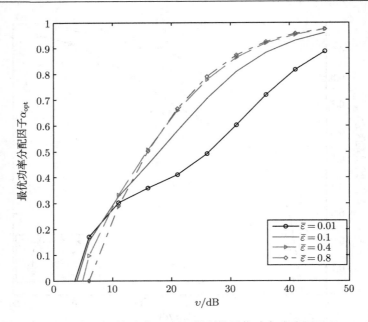

图 6-5　对于不同 ε, 基于式 (6-12) 得到的最优功率分配因子 ($\mu = 2$)

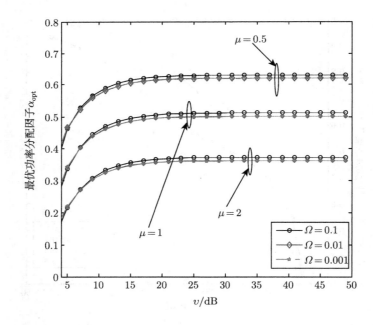

图 6-6　对不同信道估计误差 Ω 条件下基于式 (6-22) 中的遍历安全速率

获得的最优功率分配因子

图 6-6 进一步验证了在不同信道估计误差 Ω 条件下基于式 (6-22) 中的遍历安全速率获得的最优功率分配因子 α_{opt}^* 的变化情况。可以发现,对于不同的 Ω 和 μ, $\alpha_{\mathrm{opt}}^* = \dfrac{\mu^2 + \sqrt{2}\Omega^3}{\sqrt{(2)}\,(2\mu+50)} + \dfrac{(\mu+0.5)^2}{\mu^3 + 2\mu - \Omega^2} - \dfrac{1}{5+\Omega}$ 都位于区间 [0,1],且 α_{opt}^* 和基于式 (6-12) 计算出来的 α_{opt} 具有相同的变化趋势。

图 6-7 显示了式 (6-21) 中描述的遍历安全速率函数的凹函数特性。由图 6-7 可以看出,对于给定的 υ 和 μ,有且只有一个 α_{opt}^* 使可达遍历安全速率达到最大。表 6-1 对比了基于式 (6-22) 理论计算的最优功率分配因子和基于图 6-7 仿真结果获得的最优功率分配因子。经过比较,可以发现两者基本一致。一方面,随着 υ 的增大,需要分配给源节点 A 更多的功率使系统安全速率最大化;另一方面,随着 μ 的增大,由于源节点 B 到中继节点 R 的信道状态要优于目的节点 B 到中继节点 R 的信道状态,为了确保协作干扰信号能够有效地阻止 R 的窃听操作,需要给 B

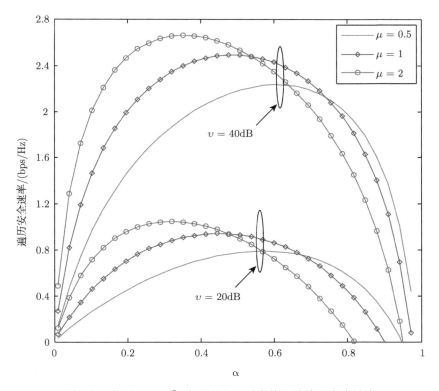

图 6-7　在 $\Omega = 10^{-2}$ 时,不同 μ 对应的可达遍历安全速率

分配更多功率。

表 6-1　$\Omega = 10^{-2}$ 时最优功率分配因子 α_{opt}^* 的理论计算结果和仿真结果对比

μ	理论结果		仿真结果	
	$\upsilon = 20\text{dB}$	$\upsilon = 40\text{dB}$	$\upsilon = 20\text{dB}$	$\upsilon = 40\text{dB}$
0.5	0.566	0.627	0.569	0.631
1	0.448	0.477	0.445	0.476
2	0.323	0.351	0.323	0.352

　　图 6-8 展示了 $\mu = 0.5$，$\Omega = 10^{-2}$ 时遍历安全速率的最大值及相应的上、下限。从图中可以看出，遍历安全速率的最大值在上、下限之间。在高信噪比条件下，遍历安全速率最大值逐渐趋近于上限，这也说明在高信噪比下信道估计误差的影响

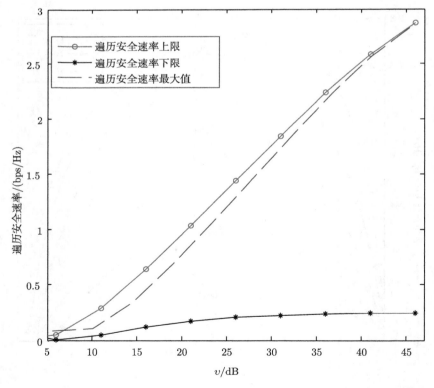

图 6-8　$\mu = 0.5, \Omega = 10^{-2}$ 时，系统最大的遍历安全速率及其相应上、下限

已经足够小了。

6.4 信道估计误差服从高斯分布下优化设计

本节中，考虑信道估计误差 h_e 对应的功率服从高斯分布，即 $\varepsilon = P|h_e|^2 \sim \mathcal{N}(0, \sigma_e^2)$。下面针对信道估计误差服从高斯分布条件下进行稳健最优功率分配的优化设计。首先讨论基于瞬时安全速率最大化对应的最优功率分配。然后，考虑不同信道状态条件下的遍历安全速率。最后，分析两种特殊情况下的可达遍历安全速率。

6.4.1 最优功率分配方案

为了便于后续优化计算，也考虑了 $\gamma_B(\alpha)$ 在高信噪比条件下的近似，即利用式 (6-18) 近似式 (6-8)。将式 (6-3) 和式 (6-18) 代入到优化问题式 (6-10) 的目标函数，采用前面的最优功率分配因子 α_{opt} 求解方法，有

$$\alpha_{\text{opt}} = \frac{2(v^2 + v)(2\varepsilon + 1) + \Delta_2(1 - v)}{\Delta_1} \tag{6-23}$$

其中，$\Delta_2 = \sqrt{2\mu v(2\varepsilon + 1)(v + \mu v + \mu - 4\varepsilon - 1)}$；$\Delta_1 = v^2(4\varepsilon - \mu - \mu^2 + 2) - \mu v(\mu - 4\varepsilon - 1)$。在协作干扰信号具有高信噪比的情况下，即 $v \gg 1$ 时，α_{opt} 可近似为

$$\alpha_{\text{opt}} = \frac{2\left(2\varepsilon + 1 + \dfrac{2\varepsilon + 1}{v}\right) + \dfrac{\Delta_2}{v^2} - \dfrac{\Delta_2}{v}}{\dfrac{\Delta_1}{v^2}} \approx \frac{4\varepsilon + 2 - \sqrt{2\mu(2\varepsilon + 1)(\mu + 1)}}{-\mu^2 - \mu + 4\varepsilon + 2} \tag{6-24}$$

在 6.4.3 小节中，将验证不同情况下近似最优功率分配方案的值，并分析这种近似产生的误差。6.4.3 小节将深入详细地讨论采用近似最优功率分配方案下平均可达的最大安全速率。

进一步，利用式 (6-3) 和式 (6-18) 分别在目的节点 B 和中继节点 R 处得到的等效信噪比，引入一个辅助的干扰信号信噪比 v_{crt}，定义为

$$v_{\text{crt}} = 1 + 4\varepsilon + \frac{\alpha\mu}{1 - \alpha} \tag{6-25}$$

从式 (6-10) 中可以发现，如果 $v > v_{\text{crt}}$，便可以得到正的安全速率。这个关键

的信噪比也将在本章的 6.4.3 小节中讨论。除此之外，由式 (6-25) 还可以发现 v_{crt} 会随着 ε 或 μ 的增大而增大。

6.4.2　遍历安全速率分析

下面从另一个角度定义遍历安全速率，并采用不同的推导方式。依据式 (6-9) 中的可达安全速率 $R_{\mathrm{s}}(\alpha)$ 和式 (6-23) 中的最优功率分配因子，遍历安全速率定义为在 v 的所有实现上可达最大安全速率的数学期望，即

$$\bar{R}_{\mathrm{s}} = \mathbb{E}_v\left[R_{\mathrm{s}}\left(\alpha_{\mathrm{opt}}\right)\right] \tag{6-26}$$

从式 (6-3) 和式 (6-18) 可以看出，$R_{\mathrm{s}}(\alpha)$ 与 $\gamma_{\mathrm{B}}(\alpha)$ 和 $\gamma_{\mathrm{R}}(\alpha)$ 有关。因此，首先计算不可信中继节点 R 处和目的节点 B 处的最优功率分配对应的等效信噪比。将 α_{opt} 代入式 (6-3) 和式 (6-18)，可以得到

$$\gamma_{\mathrm{R}_{\mathrm{opt}}} = -\frac{\mu\left(4\varepsilon - \sqrt{2\mu(2\varepsilon+1)(\mu+1)}\right) + 2}{\mu^2 + \mu - \sqrt{2\mu(2\varepsilon+1)(\mu+1)}} \tag{6-27}$$

$$\gamma_{\mathrm{B}_{\mathrm{opt}}} = \frac{\mu v(4\varepsilon - \sqrt{2\mu(2\varepsilon+1)(\mu+1)}) + 2}{4\varepsilon - 4\varepsilon\mu^2 - 2\mu^2 + (\sqrt{2\mu(2\varepsilon+1)(\mu+1)})(4\varepsilon - \mu + 1) + 2} \tag{6-28}$$

于是，可以利用式 (6-27) 和式 (6-28) 中的最优功率分配条件下的等效信噪比来计算遍历安全速率。然而，计算遍历安全速率具有非常大的挑战，在这里，仅讨论 μ 的两种特殊情况下系统可达的遍历安全速率。

1. $\mu = 1$

假设 $\mu = 1$，从源节点 A 和目的节点 B 到中继节点 R 的传输链路对应的等效接收信噪比是相同的，即 $\xi = v$。因此，当 $\mu = 1$ 时，式 (6-27) 和式 (6-28) 中的最优功率分配对应的等效信噪比可分别化简为

$$\gamma_{\mathrm{R}_{\mathrm{opt}}} = \frac{4\varepsilon - \sqrt{2(4\varepsilon+2)} + 2}{\sqrt{2(4\varepsilon+2)} - 2} = \sqrt{2\varepsilon + 1} \tag{6-29}$$

$$\gamma_{\mathrm{B}_{\mathrm{opt}}} = \frac{v(2\varepsilon - \sqrt{2\varepsilon+1}) + 1}{4\varepsilon\sqrt{2\varepsilon+1}} \tag{6-30}$$

进一步, 将式 (6-29) 和式 (6-30) 代入式 (6-9) 和式 (6-26) 中, 可以得到

$$
\begin{aligned}
\bar{R}_{\mathrm{s}} &= \frac{1}{2}\mathbb{E}_v\left[\log_2\left(1+\frac{v(2\varepsilon-\sqrt{2\varepsilon+1})+1}{4\varepsilon\sqrt{2\varepsilon+1}}\right)-\log_2(1+\sqrt{2\varepsilon+1})\right] \\
&= \frac{1}{2\ln 2}\mathbb{E}_v\left[\log_2\left(1+\frac{v(2\varepsilon-\sqrt{2\varepsilon+1})+1}{4\varepsilon\sqrt{2\varepsilon+1}}\right)\right]-\frac{1}{2}\log_2\left(1+\sqrt{2\varepsilon+1}\right) \\
&= \frac{1}{2\ln 2}\int_{-\infty}^{\infty}g(x)f_v(x)\mathrm{d}x-\frac{1}{2}\log_2\left(1+\sqrt{2\varepsilon+1}\right)
\end{aligned}
\tag{6-31}
$$

其中, $g(x)=\ln\left(1+\dfrac{v\left(2\varepsilon-\sqrt{2\varepsilon+1}\right)+1}{4\varepsilon\sqrt{2\varepsilon+1}}\right)$; $f_v(x)$ 表示 v 的概率密度函数, 定义

为 $f_v(x)=\dfrac{1}{\bar{v}}\mathrm{e}^{-\frac{x}{\bar{v}}}$, $\bar{v}=\mathbb{E}_v[P\left|h_{\mathrm{B-R}}\right|^2]=P\sigma_{\mathrm{B-R}}^2$ 是等效信噪比的数学期望。基于文

献 [21] 有 $\displaystyle\int_0^{\infty}\mathrm{e}^{-a\phi}\ln\left(1+b\phi\right)\mathrm{d}\phi=-\frac{1}{a}\mathrm{e}^{\frac{a}{b}}\mathcal{E}_i\left(-\frac{a}{b}\right)$, 其中 $\mathcal{E}_i(x)=-\displaystyle\int_{-x}^{\infty}\frac{\mathrm{e}^{-t}}{t}\mathrm{d}t$ 是指

数函数的积分。当 $\mu=1$ 时, 最大遍历安全速率近似形式可表达为

$$
\bar{R}_{\mathrm{s}}=\frac{-\mathrm{e}^{\frac{4\varepsilon\sqrt{2\varepsilon+1}}{(2\varepsilon-\sqrt{2\varepsilon+1})v}}}{2\ln 2}\mathcal{E}_i\left(-\frac{4\varepsilon\sqrt{2\varepsilon+1}}{(2\varepsilon-\sqrt{2\varepsilon+1})v}\right)-\frac{1}{2}\log_2\left(1+\sqrt{2\varepsilon+1}\right)
\tag{6-32}
$$

2. $\mu\gg 1$

假设从源节点 A 到中继节点 R 传输链路的等效信噪比远远高于从目的节点 B 到中继节点 R 传输链路的等效信噪比 (即 $\mu\gg 1$), 此时, 式 (6-27) 和式 (6-28) 中的最优功率分配对应的等效信噪比可化简为

$$
\gamma_{\mathrm{R_{opt}}}=-\frac{\dfrac{4\varepsilon}{\mu}-\sqrt{2(2\varepsilon+1)\left(1+\dfrac{1}{\mu}\right)+\dfrac{2}{\mu^2}}}{1+\dfrac{1}{\mu}-\sqrt{2(2\varepsilon+1)\left(\dfrac{\mu+1}{\mu^3}\right)}}\approx\sqrt{2(2\varepsilon+1)}
\tag{6-33}
$$

$$
\gamma_{\mathrm{B_{opt}}}=\frac{\dfrac{4\varepsilon v}{\mu}-v\sqrt{2(2\varepsilon+1)\left(1+\dfrac{1}{\mu}\right)+\dfrac{2}{\mu^2}}}{\dfrac{4\varepsilon}{\mu^2}-4\varepsilon-2+\sqrt{2(2\varepsilon+1)\left(1+\dfrac{1}{\mu}\right)\left(\dfrac{4\varepsilon}{\mu}-1+\dfrac{1}{\mu}\right)+\dfrac{2}{\mu^2}}}
$$

$$\approx \frac{v\sqrt{2}\sqrt{2\varepsilon+1}}{4\varepsilon+2+\sqrt{2}\sqrt{2\varepsilon+1}} = \frac{v}{1+\sqrt{2}\sqrt{2\varepsilon+1}} \tag{6-34}$$

需要注意的是，当目的节点 B 具有理想信道状态信息时，即 $\varepsilon = 0$，此时，式 (6-33) 和式 (6-34) 中的最优功率分配因子对应的最大等效信噪比与文献 [19] 中理想信道状态信息条件下的最大等效信噪比相同。将式 (6-33) 和式 (6-34) 代入式 (6-9) 和式 (6-26) 中，借助文献 [21] 的方法，可以得到在 $\mu \gg 1$ 时遍历安全速率的闭式解，对应的计算公式为

$$\bar{R}_{\mathrm{s}} = \frac{-\mathrm{e}^{\frac{1+\sqrt{2}\sqrt{2\varepsilon+1}}{\bar{v}}}}{2\ln 2}\mathcal{E}_i\left(-\frac{1+\sqrt{2}\sqrt{2\varepsilon+1}}{\bar{v}}\right) - \frac{1}{2}\log_2(1+\sqrt{2}\sqrt{2\varepsilon+1}) \tag{6-35}$$

6.4.3　仿真结果与分析

下面将在高斯分布信道估计误差前提下，给出最优功率分配、遍历安全容量的一些数值结果，并讨论这两个指标在不同场景下的相对误差。

图 6-9 展示了在 $v = 40\mathrm{dB}$ 时不同 μ 和 ε 对应的精确最优功率分配因子 α_{opt}。从图中可以发现，$\alpha_{\mathrm{opt}} \in [0,1]$ 且 α_{opt} 随着 μ 的上升而下降。这意味着，随着 μ 增加，源节点 A 到中继节点 R 的传输链路要优于目的节点 B 到中继节点 R 的传输链路，此时在总功率一定的情况下，可以分配更少的功率给源节点 A，而将更多的功率给目的节点 B 发射协作干扰信号，从而避免不可信中继节点 R 解析有用信息。另外，对于给定的 μ，α_{opt} 随信道估计误差的增加而增大，这是由于需要分配更多的功率给源节点 A，来补偿信道估计误差带来的影响，保证系统可以获得更大的安全速率。

图 6-10 显示了不同的 μ 和 σ_{e}^2 条件下精确和近似最优功率分配因子的对比。根据式 (6-23) 和式 (6-24) 可以分别计算得到精确最优功率分配和近似最优功率分配因子。由图 6-10 可以看出，近似最优功率分配因子与其精确值具有相同的趋势，且误差不大。但是，随着信道估计误差的增大，精确和近似最优功率分配因子逐渐增大。

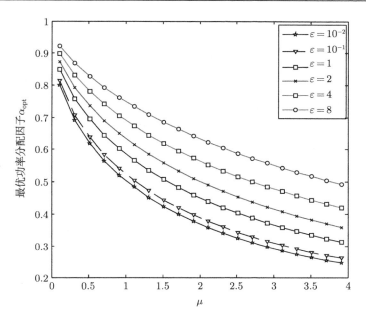

图 6-9 不同 μ 和 ε 条件下的精确最优功率分配因子 $(\upsilon = 40\text{dB})$

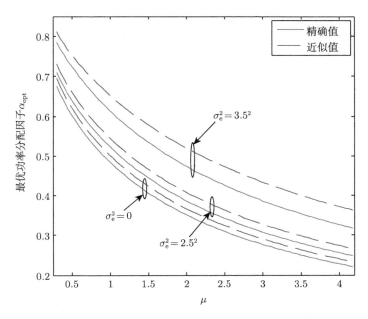

图 6-10 不同 μ 和 σ_{e}^2 条件下，近似和精确最优功率分配因子对比

为了深入了解这个误差, 引入一个相对误差 e, 其定义为

$$e = \frac{\left| d - \hat{d} \right|}{d} \times 100\% \tag{6-36}$$

其中, d 和 $\hat{d}$ 分别代表精确和近似的最优功率分配。

图 6-11 进一步展示了精确和近似最优功率分配因子的相对误差。由图 6-11 可以发现, 近似最优功率分配因子的相对误差会随着 μ 和信道估计误差 σ_e^2 增大而增大。在理想信道状态信息条件下, 近似带来的相对误差十分小。当 $\sigma_e^2 = 3.5^2$, $\mu = 3$ 时, 相对误差大约有 12%。

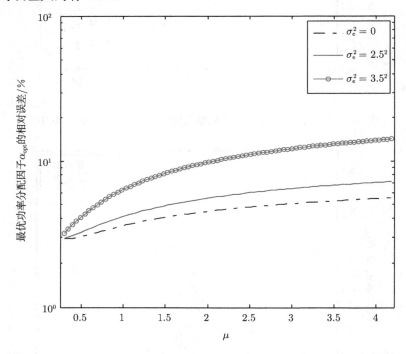

图 6-11　不同 μ 和 σ_e^2 条件下, 近似和精确最优功率分配因子相对误差

在接下来的仿真中, 考虑了源节点 A 和目的节点 B 到中继节点 R 的传输链路具有 3 种不同的相对信噪比大小, 即① 场景 1: $\upsilon > \xi, \mu = 0.5$; ② 场景 2: $\upsilon = \xi, \mu = 1$; ③ 场景 3: $\upsilon < \xi, \mu = 2$。在图 6-12~图 6-14 中, 比较了 3 种场景、不同信道估计误差 σ_e^2 下的等功率分配 ($\alpha = 0.5$) 和最优功率分配 ($\alpha = \alpha_{\mathrm{opt}}$) 的可达安全速率。

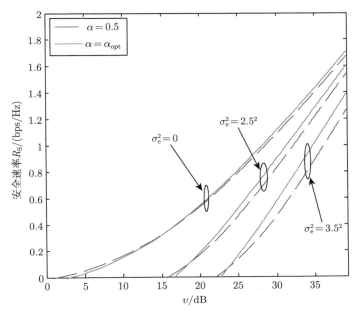

图 6-12 不同信噪比时等功率分配和最优功率分配对应的可达安全速率对比 ($\mu = 0.5$)

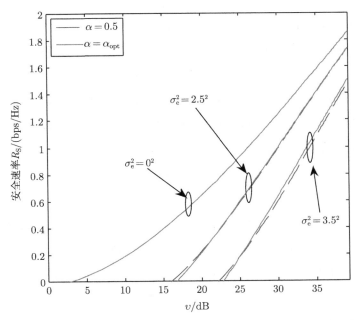

图 6-13 不同信噪比时等功率分配和最优功率分配对应的可达安全速率对比 ($\mu = 1$)

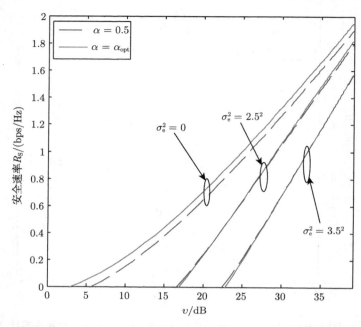

图 6-14   不同信噪比时等功率分配和最优功率分配对应的可达安全速率对比 ($\mu = 2$)

由图 6-12～图 6-14 可以看出, 在不同信道估计误差 σ_e^2、不同 μ 值以及不同信噪比条件下, 近似最优功率分配对应的可达安全速率要大于等功率分配对应的可达安全速率。即使在 $\mu > 1$ 和信道估计误差非常大的情况下, 这个结论也依旧成立。另外可以看出, 信道估计误差会降低两种功率分配的可达安全速率, 这是由于部分有限的功率被用于补偿信道估计误差带来的残留干扰。从图 6-12～图 6-14 中进一步还可以发现: 当 υ 大于式 (6-25) 中定义的临界信噪比 υ_{crt} 时, 安全速率为正。而且, 临界信噪比会随着信道估计误差或者 μ 的增大而增大, 这与前面的分析是完全一致的。

图 6-15～图 6-17 显示了当 $\sigma_{\text{B-R}}^2 = 1$ 时, 不同场景、不同信噪比对应的遍历安全速率的对比。从图中的仿真结果可以看出, 最优功率分配方案比等功率分配方案可以获得更高的可达安全速率。随着信噪比 υ 的增加, 信道估计误差对可达遍历安全速率的影响会减弱。换言之, 高信噪比条件下信道估计误差对最大可达安全速率影响很小。

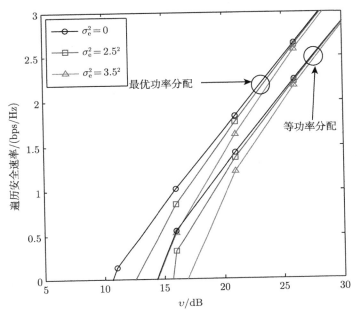

图 6-15 不同信噪比时等功率分配和最优功率分配的遍历安全速率对比 ($\mu = 0.5$)

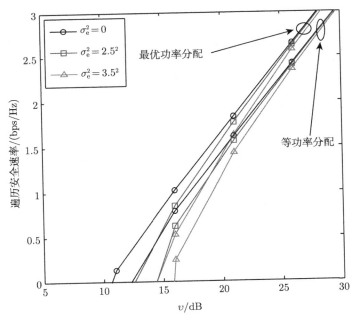

图 6-16 不同信噪比时等功率分配和最优功率分配的遍历安全速率对比 ($\mu = 1$)

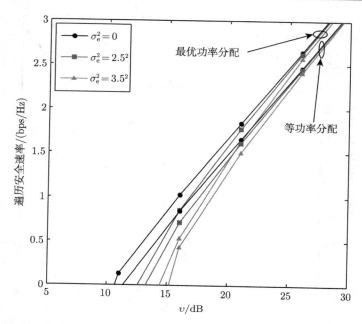

图 6-17　不同信噪比时等功率分配和最优功率分配的遍历安全速率对比 $(\mu = 2)$

图 6-18 显示了在不同的信噪比和信道估计误差下，μ 与遍历安全速率之间的关系。从图 6-18 中可以看出，通过增加 υ 可以增加遍历安全速率，渐近达到高 μ 值对应的遍历安全容量，也即式 (6-35) 计算的结果。例如，当 $\upsilon = 20\text{dB}$ 时，$\varepsilon = 1$ 和 $\varepsilon = 10^{-2}$ 对应的遍历安全速率渐近于 0.91 bps/Hz 和 1.07 bps/Hz。图 6-19 比较了在 μ 较大条件下精确遍历安全速率和式 (6-35) 计算的近似渐近遍历安全速率，两者的趋势完全一致，相对误差较小，最差情况下的相对误差约为 5%。

由于信道估计误差、量化误差、反馈延时，通信系统中各节点获得的信道状态信息都是非理想的。本章针对非理想信道状态信息，考虑简单的单天线、单向不可信中继传输模型，开展最优功率分配稳健设计。首先建立了信息传输模型，考虑信道状态信息的非理想特性，并建立了信号模型。然后考虑信道估计误差，进一步构建了优化模型。

针对信道估计误差有界且均匀分布情况，基于瞬时安全速率最大化，获得了近似的最优功率分配因子，并讨论了安全速率的上、下限。进而，定义遍历安全速率为考虑误差特性的平均可达最大安全速率，并基于此，获得了最大遍历安全速率对应

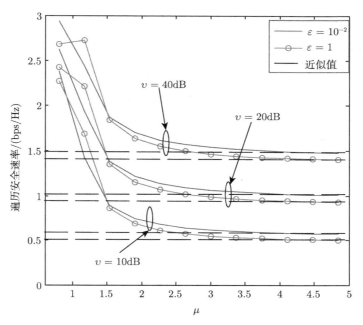

图 6-18 不同 μ 对应的遍历安全速率

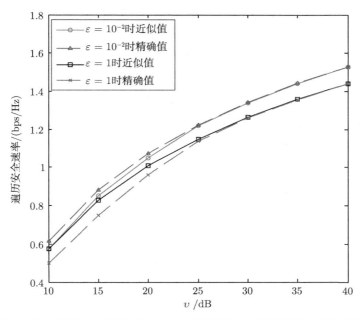

图 6-19 在 μ 较大条件下，理论与式 (6-35) 计算的近似渐近遍历安全速率比较 ($\mu = 1$)

的稳健最优功率分配因子。仿真结果验证了信道估计误差在高信噪比条件下对最大可达安全速率几乎没有影响，且最大可达安全速率逐渐趋于上限。

　　在信道估计误差服从高斯分布的条件下，仔细推导了各节点的瞬时信干噪比和瞬时可达安全速率，并基于瞬时可达安全速率优化了功率分配因子。进一步重新定义遍历安全速率，用以衡量平均可达最大安全速率。由于推导十分复杂，重点分析了两种特殊情况的可达遍历容量。仿真结果验证了所提出算法的有效性。即使在非理想信道状态信息的条件下，这种算法也能保证最大化安全速率，且近似误差极小，可以忽略不计。

参 考 文 献

[1] Zhou W, Wu J, Fan P. High mobility wireless communications with doppler diversity: fundamental performance limits[J]. IEEE Transactions on Wireless Communications, 2015, 14(12): 6981-6992.

[2] Sayeed A M, Aazhang B. Joint multipath-doppler diversity in mobile wireless communications[J]. IEEE Transactions on Communications, 1999, 47(1): 123-132.

[3] Wu J, Xiao C. Optimal diversity combining based on linear estimation of rician fading channels[J]. IEEE Transactions on Communications, 2008, 56(10): 1612-1615.

[4] Yao R , Liu Y , Li G , et al. Optimal power allocation for channel estimation of OFDM uplinks in time-varying channels[J]. ETRI Journal, 2015, 37(1): 11-20.

[5] Xiong L, Zhong Z, Ai B, et al. Ergodic and outage capacity for Ricean fading channel with shadow fading on high-speed railway[C]. The 4th IET International Conference on Wireless, Mobile Multimedia Networks (ICWMMN), 2011: 325-328.

[6] Kannu A P, Schniter P. On the spectral efficiency of non-coherent doubly selective block-fading channels[J]. IEEE Transactions on Information Theory, 2010, 56(6): 2829-2844.

[7] Yao R , Xu F , Xu J , et al. Anti-jamming techniques based on digital multi-beam and robust mode control[C]. IEEE Wireless & Optical Communication Conference, 2016:1-4.

[8] Wang D, Bai B, Chen W, et al. Secure green communication via untrusted two-way relaying: a physical layer approach[J]. IEEE Transactions on Communications, 2016, 64(5): 1861-1874.

[9] Vosoughi A, Jia Y. How does channel estimation error affect average sum rate in two-

way amplify-and-forward relay networks[J]. IEEE Transactions on Wireless Communications, 2012, 11(5): 1676-1687.

[10] Gacanin H, Salmela M, Adachi F. Performance analysis of analog network coding with imperfect channel estimation in a frequency-selective fading channel[J]. IEEE Transactions on Wireless Communications, 2012, 11(2): 742-750.

[11] Sun N, Wu J. Minimum error transmissions with imperfect channel information in high mobility systems[C]. IEEE Military Communications Conference (IEEE MILCOM), 2013: 922-927.

[12] Wang C, Wang H M. Robust joint beamforming and jamming for secure AF networks: low-complexity design[J]. IEEE Transactions on Vehicular Technology, 2015, 64(5): 2192-2198.

[13] Gong X, Long H, Dong F, et al. Cooperative security communications design with imperfect channel state information in wireless sensor networks[J]. IET Wireless Sensor Systems, 2016, 6(2): 35-41.

[14] Chen X, Chen J, Zhang H, et al. On secrecy performance of multiantenna-jammer-aided secure communications with imperfect CSI[J]. IEEE Transactions on Vehicular Technology, 2016, 65(10): 8014-8024.

[15] Mekkawy T, Yao R, Xu F, et al. Optimal power allocation in an amplify-and-forward untrusted relay network with imperfect channel state information[J]. Wireless Personal Communications, 2018, 101(3), 1281-1293.

[16] Wang L, Elkashlan M, Huang J, et al. Secure transmission with optimal power allocation in untrusted relay networks[J]. IEEE Wireless Communications Letters, 2014, 3(3): 289-292.

[17] Khattabi Y, Matalgah M M. Conventional and best-relay-selection cooperative protocols under nodes-mobility and imperfect-CSI impacts: BER performance[C]. IEEE Wireless Communications and Networking Conference (IEEE WCNC), 2015: 105-110.

[18] Salari S, Amirani M Z, Kim I M, et al. Distributed beamforming in two-way relay networks with interference and imperfect CSI[J]. IEEE Transactions on Wireless Communications. 2016, 15(6): 4455-4469.

[19] Bletsas A, Shin H, Win M Z. Cooperative communications with outage-optimal opportunistic relaying[J]. IEEE Transactions on Wireless Communications, 2007, 6(9):

3450-3460.

[20] Li J, Petropulu A P, Weber S. On cooperative relaying schemes for wireless physical layer security[J]. IEEE Transactions on Signal Processing, 2011, 59(10): 4985-4997.

[21] Jeffrey A, Zwillinger D. Table of integrals, series, and products[M]. Cambridge: Academic Press, 2007.